暗闇の効用

The Darkness Manifesto

On Light Pollution, Night Ecology, and the Ancient Rhythms That Sustain Life

ヨハン・エクレフ
永盛鷹司［訳］

太田出版

Mörkermanifestet: om artificiellt ljus och hotet mot en uråldrig rytm
by Johan Eklöf

Japanese translation rights arranged with Sebes & Bisseling Literary
through Tuttle-Mori Agency, Inc., Tokyo

目次

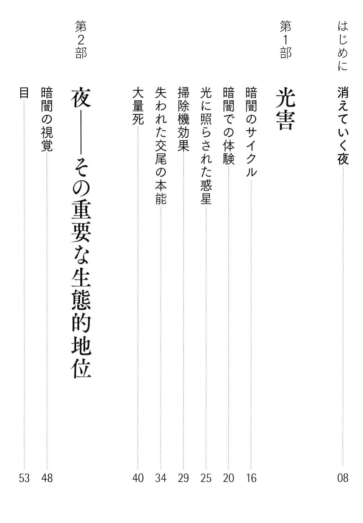

第3部　人類と宇宙の光

第4部　陰翳礼讃

はじめに——消えていく夜

コウモリの翼とヘビのしっぽを持った黒い悪魔の絵を、私の懐中電灯の光が照らす。その悪魔はまるで、光を飲み込もうとしたが耐えきれず、口から光を吐き出しながら後ろに投げ飛ばされたかのように見えた。この闇の生き物は、死に絶えつつあるのだ。私はいま、18世紀に建てられたスウェーデンのとある教会にいる。その教会の壁や天井には、聖書を題材にした絵画が描かれている。かなり奥のほうには、地獄の責め苦を私たちに思い出させるために描かれた、とても恐ろしい悪魔や怪物が見える。これを描いた画家はしかし、暗闇の危険は克服できるのだということも伝えたかったのだろう。キリスト教において、コウモリは悪魔の手先である。それは神の光明の対極にあり、現実の暗闇と比喩的な暗闇の両方を象徴する、忌まわしい動物とみなされる。そのため、教会がコウモリのすみかとなっていることが往々にしてあるのは、少し皮肉な話だ。

私は階段を上り、小さな扉を抜けて屋根裏部屋に足を踏み入れ、この教会の探索を続ける。古い板張りの床には、石化した糞と引き裂かれたチョウの羽が堆積している。この教会がウサギコウモリの巣であるという明らかな証拠だ。窓の鎧板の隙間からちらつきながら差し込んでいた夕暮れの薄明かりは弱まっていき、外の空は濃紺色に変わる。屋根裏部屋に入る湿った夜の空気は、刈られたばかりの芝生、タール、太陽に温められた薪の心地よい香りを運んでくる。このような夜の早い時間帯には、コウモリたちは軒下にはいない。そこで私は、夏の夜に舞い降りるコウモリたちに墓地で会うべく、外に出ることにする。

コウモリは次々に、教会の屋根から近くの木、そして身を隠せる暗がりへと、我先に飛び立つ。気まぐれなダンスをしながら、人間の耳には聞こえない音を立て、コウモリは赤く塗られた木造の教会のそば、生け垣沿い、そして木のてっぺんの周囲を滑空し、昆虫を探す。しかしやがて、夜の闇に飲まれて見えなくなる。

スウェーデンの教会堂や付属する建物は、何世紀もの間、変わらず維持されていることも多く、常に変わりゆく世界のなかでも、動植物が快適に生息できる重要な場所となっている。毎年、初夏になると、ウサギコウモリが新たな世代を生むために小塔や屋根裏に住みつく。1980年代には、スウェーデン南西部にある教会の3分の2に、コウモリのコロニーが生息していた。ところが40年後のいま、同僚たちと私がおこなった調査によって、光害《ひかりがい》やその他の要因で、コウモリのコロニーが生息する教会の数は3分の1にまで減少していることがわかった。教会が夜もカーニバルのように光り輝いているからだ。どの教区も、自慢の建築を照らすために最新の投光器を次々と導入した。それと引き換えに、7000万年もの間、夜をすみかとしてきた動物たち、そして何世紀もの間、教会の塔の暗がりで安全に暮らしてきた動物たちは、ゆっくりとではあるが確実に姿を消している。もしかすると、完全にいなくなってしまうかもしれない。

7月の夜の墓地に座っていると、コウモリ以外にもともに時間を過ごす仲間がいることがわかる。一匹のハリネズミがいる。星空に向かって草を登っていく甲虫もいる。墓石の上で妖精のように飛び回るトビケラもいる。私の感覚は研ぎ澄まされ、まぶしい昼間には漠然とした印象でしかなかった周囲の世界との関わりが、より繊細な体験へと変わっていく。そして目がだんだんと夜に慣れていくにつれ、深まる暗闇のなかで私は安らぎを感じ始める。ここで私は、ほかの人がわざわざ行こうとしないような別次元へと足を踏み入れるのである。

暗闇を享受しているのはコウモリと私だけではない。この遅い時間まで私と一緒にいるハリネズミのように、多くの哺乳類は日没後の薄明の時間帯に、より活発になる。地球上の昆虫の半分は夜行性であり、ここ数年、その昆虫たちが消えつつあるという警告があふれかえっている。林業、環境に流れ出る有害物質、大規模農業、気候変動――多くの原因が指摘される。しかし、なかでも特に急激に減っている虫の種類は、光に敏感なガだというのに、その原因として光が挙がることは滅多にない。暗闇のなかで花の蜜を探すガ（蛾）は、あらゆる光の影響をすぐに受けてしまう。夜明けが近いと勘違いしてまったく飛ばなくなったり、月明かりを頼りに向かう方角を決めようとするも、いくつもの光線で方向感覚を失ったりするのだ。そうして疲れ切って息絶えるか、天敵に食べられるかするガは、夜の使命を果たせないので、受粉する植物も減少する。玄関の明かりや街灯の下に集まっているガを目にしたことがある人は多いだろう。光が強くなればなるほど、虫はそこに引き寄せられる。光は昆虫を森林から人里へ、田舎から都市へとおびき出し、生態系全体を消耗させる。

ここ、モッセボー教会に投光器はないものの、外からの光は届いている。歩道にはいくつかの街灯があるし、近くの村々から出るほのかなオレンジ色の輝きが上空に見える。これが〝光害〟である。過剰だとみなされた、あらゆる種類の光がまとめてこのように呼ばれる。ところが実際に、その過剰な光はどれも、私たちの生活や生態系に大きな悪影響を与えている。

〝光害〟という言葉を作ったのは天文学者だが、いまでは、夜がなくなるとどのような害があるのかを研究する生態学者、生理学者、神経学者も、この言葉を使用する。もはや光害は、星や昆虫だけの問題ではない。私たち人間を含む、すべての生物に関係するのだ。地球が生まれてからずっと、昼の後には夜があった。そしてどの生物のどの細胞にも、そのリズムと調和する仕組みがあらかじめ備わっている。自然の光は私たちの体内の概日リズムを調整し、ホルモンや身体のいろいろな働きをコントロールする。

電球が発明された約150年前まで、自然光によって調整されるこれらの働きはゆっくりと、何の支障もなく発達していた。しかし今日では、街灯や投光器の照明が不穏なほど幅を利かせ、夜の自然な光の地位を奪い、この古来の概日リズムを乱している。人工の光、有害な光のほうが、いまでは支配的だ。その光は真夜中に鳥を歌わせ、卵から孵化したウミガメを間違った方向へ誘導し、月明かりの下の岩礁でおこなわれるサンゴの交配の儀式を阻害する。

人類は世界に光明をもたらしたいと強く望んだ。その結果、宇宙から見た地球は夜も煌々と輝くようになった。あらゆる街、あらゆる通りが、遠い宇宙の闇のなかからでも見える。これはおそらく、私たちが人間の時代、「人新世《ひとしんせい》」という新しい時代に突入したことを示す最も明白な証拠だろう。私たちが作った、光で照らされた都市の空には、もはや星は1つも見えない。天の川がどのようなものか、覚えていない人も多いだろう。息を呑むような眺めの壮大な空、流れ星、そして時折見える、驚くほど美しいオーロラ――こうした自然の偉大な宝を、私たちは失いつつある。

〝光害〟という言葉は多くの人にまだ知られていないが、それについての研究は急速に広がっており、やがて光は騒音と同様に、厳しく規制されるようになるだろう。最新のLEDは、個人の庭や大規模な駐車場における照明を爆発的に増やすことになったが、この問題の解決策にもなる可能性がある。光と闇のバランスは白か黒かではないのだ。やろうと思えば、人工の光を適切にプログラムしたり弱めたりして、もっと自然の状況に合った形にできるだろう。

本書で私は、暗闇や夜がすべての生命に対してどのような意味を持つかを考察したい。いくつもの短い章に分けて、コウモリ研究者、旅行者、暗闇の友として夜に奉仕してきた私の20年間の経験と思考をシェアしたいと思う。本書を読む人に、夜を私たちの生活の一部だと考えることがいかに重要かを思い出してもらうとともに、人工の光がどれほど有害かを知ってもらいたい。そして本書が、自然な暗闇を守るための1つの挑戦、およびマニフェストとなるよう願っている。

第1部

光害

暗闇のサイクル

オジギソウには奇妙な特性がある。触られたことを鋭く感じ取り、なでればその葉を傘のように閉じ、たちまちしぼんでいく。夜にも葉は閉じる。そして毎朝、葉はまた開き、衛星放送のパラボラアンテナのごとく、太陽の光をとらえるために向きを変える。フランスの科学者ジャン＝ジャック・ドルトゥ・ドゥ・メラン（1678～1771年）は、オジギソウをずっと暗いところに置いて観察してみた。すると、太陽とまったく対面していないにもかかわらず、外が昼になると、その葉が開くことを発見した。ドゥ・メランは、この植物は暗闇のなかでも太陽の存在を感じ取れるのだと解釈したが、その仕組みの解明にまでは至らなかった。

その謎が解けたのは、20世紀後半、遺伝学の飛躍的な進歩が起こってからだ。1960年代に、生物学者・遺伝学者のマイケル・W・ヤング（1949年～）は、オジギソウやその他の植物が1日のさまざまな時間に応じて特定の振る舞いをするのはどういうわけなのか、深く考え始めた。それがヤングにとって、その後の人生で生物時計への関心を持ち続ける発端となった。2017年、ヤングはジェフリー・C・ホール（1945年～）とマイケル・ロスバッシュ（1944年～）とともにノーベル生理学・医学賞を受賞した。彼らは、バクテリアから人間まで、あらゆる生物において生活リズムをコントロールしている遺伝子の特定に成功したのである。「概日リズム」と呼ばれるこの生活リズムはつまり、食事や睡眠の基準となる体内時計だ。これははるか昔から私たちに備わっており、暗闇から光へ、そしてまた暗闇へ、という自然の1日の連続に従って動いている。

何十億年もの間（地球は誕生してから45億年になる）、地球はゆっくりと、あるいは突発的な出来事によって、その形を変えてきた。山脈や海ができ、川の流れは移動し、いくつもの種《しゅ》が生まれては絶滅してきた。磁極でさえも、決まった点にとどまっているわけではない。まさにいま、北磁極は1年に7マイル（約11キロメートル）の速度で、カナダの北からシベリアに向かって東に移動している。しかし、大まかには変わっていないことが1つある。それは昼と夜、光と闇が交替するということだ。太陽はいつでも西に沈み、また東から昇る。そして日の入りから再び日が昇るまでの時間は、いつも夜であった。

といっても、1日の長さは常に同じではなかった。現代の原子時計によると、地球の自転は少しずつ遅くなっており、1日が長くなっているという。昼間が少しずつ長くなり、夜も少しずつ長くなっているのだ。変化の度合いは劇的なものではなく、量にして100年間で2ミリ秒に満たないくらいである。しかし、仮にずっと一定の度合いでこの1日の長さの変化が続いてきたとすると、30億年以上前の、地球で最初の生命体が過ごした1日は、私たちが過ごす1日のたった半分の長さだったことになる。

自己複製する分子にすぎなかったこの最初の生命がどこで生まれたかについては、多くの仮説がある。深海、厚い氷の下、山の割れ目の大きな泥の塊のなか、あるいは地球以外の宇宙のどこかだったかもしれない。しかしどこで生まれたにせよ、最初の単細胞生物は急速に発達し、未踏の世界で新たな可能性を見出したのだった。

それからほどなくして、太陽光を利用して酸素を生成できる有機体「シアノバクテリア」が、世界中の海へと広がった。毎朝、その日一番初めの太陽からの光線が水面を温めると、藍《らん》藻《そう》という名でも知られるこのシアノバクテリアが、光エネルギーを集めて大気に酸素を放出した。シアノバクテリアは大気の化学的な構成が決まるにあたって重要な役割を果たし、そのおかげで、人間を含む動物の生命の発達が可能になったのだ。そして、シアノバクテリアに備わったこの働きは、植物の発達と光合成の基礎を築いた。そのリズムは世代を超えて伝わっている。

地球で最初の多細胞生物は6億2000万年前、1日が22時間ほどだったときに日の光を見た。といっても、日の光を文字通り「見た」わけではない。目をはじめとする、真に高度な感覚器が現れるまでには、そこからまだ何百万年もかかったからだ。この頃には、この時代特有の生物が繁栄した。それらはいまから5億年以上前に絶滅したが、当時は青々と茂った藻のカーペットの上で、天敵に襲われる危険もなく、1ミリたりとも動く必要もなく、何百万年にもわたって静かに生きることができた。昼間は、太陽の光が水面から差し込み、水深によって性質を変えながら水中へと到達する。そして夕暮れになると、太陽光の作用はやみ、自然の夜が根を下ろす。毎日繰り返されるこの交替に、生命は適応していた。

　生物時計、つまり私たちの概日リズムは古くからあり、さまざまな生物に共通しており、きわめて根本的なのだ。今日生きている存在のすべては、日ごと、年ごとに状態が変化する世界のなかで発達してきた。だが、夜が長くなったり短くなったりする周期のなかでも、私たちの体は光と闇の交替を当然のものと想定する。どんな生物も、その先天的にプログラムされた体内時計をさまざまな形で利用している。たとえば、オジギソウが夜に葉をたたむとき、オンシジウムは生き生きと目覚め、ガ（蛾）を惹きつけるためのにおいを強める。ミツバチなどの昼行性の昆虫は仕事を終え、夜行性の送粉者が仕事にとりかかる。種《しゅ》、生息地、ライフサイクルを問わず、25億年前からあるシアノバクテリアから、コウモリ、そして人間まで、すべての生物が同じ基本的なメカニズムを利用しているのだ。

　生物時計の目盛りを刻むのが、光と闇である。環境の変化に関する情報がなくても、この体内メカニズムはおよそ1日を一周とする通常のリズムで動き続ける。朝日は、そのサイクルが一周してまたゼロから始まるという合図、新たな1日が始まったという合図である。生物時計はその後、日中、夕暮れ、そして夜と、太陽のさまざまな光が入力されることで動き続ける。

ランプ、ヘッドライト、投光器などから出る人工の光はこの方程式に含まれていない。そして控え目に言っても、それらの人工の光は、生物時計のシステムに混乱を生じさせる恐れがあるのだ。

暗闇での体験

私はいつも、静かな場所に腰掛けて、夜の調査を始める。できれば水の近くがよい。魔法瓶からカップにコーヒーを注ぎ、たそがれの雰囲気に心を委ねる。闇が深まり、風のない水面近くの空気が冷えていくなかで、魔法瓶から立ち上る湯気が、水の上の霧と混ざり合う。鳥のさえずりはまばらになり、キリギリスのギーギー鳴く音が強まる。そして森には深緑色の背景幕が下ろされる。スカンジナビアの夏、昼から夜への変化には時間がかかる。そこでは、光や動物たちの活動が少しずつ入れ替わっていく。その間、昼の動物は夜の動物と出会い、ヤマシギのすばやい飛行がたそがれを告げても、スズメ亜目の鳥たちのさえずりはほとんどやまない。ところが熱帯では、まるで劇場の場面転換のように、この変化は急に起こる。舞台と観客は同じだが、スポットライトが暗転して俳優が入れ替わるようなものだ。

コウモリが出てきてくれるまで、時間がかかることもある。その無限にも思える時間がここでは一番大事だ。自然の小休止を受け入れ、暗闇が自分のペースでやってくるのを待つほうが、長い目で見れば効率よく作業ができるのだと私は信じたい。自然を感じれば優秀なフィールドワーカーになれるわけではないが、自然ともっと調和した存在になれる。このときにネットサーフィンをしたり、携帯電話を使ったりして、光や通知音で気を散らせば、集中力も暗視視力も失われてしまうだろう。

私は暗闇での視力を失いたくないので、少なくとも戸外ではヘッドランプをほとんど使わないようにしている。さもなければ、小さな昆虫を狩るオサムシや、月光を浴びて独特な光り方をするクモの巣を見逃してしまうだろう。ほかにも、這うナメクジや光るキノコなど、多くのものを素通りしてしまうはずだ。そう、キノコには、暗闇できらめく海中生物やツチボタルと同様に、生物発光するものがあるのだ。この種のキノコは光でハエ、甲虫、アリを惹きつけ、胞子を運んでもらう。このような現象が最も多く見られるのは熱帯だが、ここスウェーデンでも、糸のような菌糸という組織がほんのり緑に光る、ナラタケ属のキノコがある。昔の人は、夜道を照らすためにキノコの菌糸がまとわりついたオークの木を使ったと伝えられている。人間よりも暗闇でものがよく見える動物にとっては、光るキノコは明るいランタンのように目立つのだろう。

夜行性の動物が暗闇のなかでどのように自分の存在を感じているのか、それらの脳内で感覚刺激がどのように処理されているのか、想像してみるのはとてもおもしろい。私の近所では月が出ると、通常は見えないノッティンガム・キャッチフライという白い花が何百も、きらきらと輝く。それはほのかに光っていて美しいのだが、紫外スペクトルを知覚できる動物にとっては、その花が生えた地面は蛍光色のダンスフロアのように輝いて見えるだろう。感覚に限界がある人間の私たちは、このような動物の視覚を知識として知ってはいるものの、それをリアルに体験することは決してできない。カメラでフィルターをかけたり、何かほかの機器で視覚的な拡張をおこなったりすれば、手がかりは得られるかもしれないが、本物の昆虫やネコの目でものを見ることは不可能だ。哲学者のトマス・ネーゲル（1937年〜）は1970年代の有名なエッセイ「コウモリであるとはどのようなことか」において、人間の言語でコウモリであるとはどのようなことかを記述するのは、地球外生命体であるとはどのようなことかを記述するのと同じくらい難しいと論じた。他者の体験を理解できるのは、自分と相手が同じ種《しゅ》である場合のみだ。そしてネーゲルの推論をさらに広げるなら、私たちは「ほかの人間であるとはどのようなことか」も知り得ないことになる。私たちにはそれぞれ、自分の感覚、フィルター、解釈があるのみなのだ。

だがそれでも、踏み固められた道路から離れて、観察者として静かな場所に腰を落ち着け、暗闇と向き合えば、夜の暮らしに近づいたことがありありと実感できるようになる。視覚以外の感覚が研ぎ澄まされてくると、音やにおいが質感を変え、空気の湿りが肌で感じられる。たそがれ時の鳥であるホイッパーウィルヨタカが、その存在を示す間違えようのない、うなるような風切り音とともに傍らを飛んでいく。何匹かのカエルが鳴く。遠くでオオハムが物憂げに歌う。どこかで、静かな水面に何かが跳ねる。次第に目も慣れてきて、マツヨイセンノウ、オンシジウム、夜に開花する種類のムシトリナデシコなど、暗闇の花が活動を始める様子もわかるようになる。この花々はにおいの分子や胞子を風に乗せて、夜行性の送粉者を導く。たそがれ時が長くなる初夏には、ライラックが満開になる。真夜中近くに生まれた人は日曜日の夜、ライラックの茂みの影に幽霊を見ることができると伝えられている。8月には、スイカズラ科の植物のにおいが夏の夜を支配し、においの跡をたどってヤガ（夜蛾）が引き寄せられてくる。ヤガはその長い吻で蜜を吸って喉の渇きを癒し、花粉を運ぶのだ。ガは動物界のなかでも類まれなる嗅覚を持っており、触角でにおいの分子の1つ1つをとらえ、数マイル（数キロメートル）先の花や交尾相手を見つけられる。たそがれ時に屋外に座って、ガが精力的に飛んでいく様子を観察することで、目に見えないにおいの跡がすぐに感じられるだろう。ガは少なくとも、日中のミツバチと同じくらい重要な送粉者であることがわかっているし、さらにはミツバチよりも多くの種類の花に立ち寄るため、地球の生態系を維持し、繁栄させるにあたって非常に重要な役割を果たしているのだ。

ガを観察していると、突然地面に向かって急降下し、アクロバティックな宙返りでまたにおいの跡に戻るときがある。ガは、私の調査の目当てであるコウモリが出す音を感知する能力を備えているのだ。ガの急な方向転換は、天敵であるコウモリから逃げるためのものだ。私はコウモリの出す音を人間に聞こえるようにする超音波検出器を持っているが、そこからはまるでポップコーンが弾けるような音が聞こえる。ガが近づくほど、コウモリは獲物の場所を特定するための信号を速いペースで出すようになる。すると、ガはすばやく向きを変えてフェイントをかける。こうして、夜空の下で、一定のリズムを持った決闘が進行する。地上では、何匹かの甲虫が先を急いでいる。葉がガサガサと鳴り、やがて交尾のダンスを踊るコフキコガネが現れる。一瞬、コフキコガネの羽音は超音波検出器の音をもしのぐほど大きくなる。

脊椎動物の3分の1、そして無脊椎動物の3分の2ほどが夜行性であるため、交尾、狩り、分解、授粉といった自然界の営みの多くは、私たちが眠っている間におこなわれている。コウモリ研究者として私は、私たちがいかに夜について、その秘密について知らないかをいつも再認識する。樹木の周りで自らの位置を測って飛ぶコウモリについて、音と反響だけを頼りに1マイクロ秒のうちに自分の周囲の様子を把握してしまう能力について、私たちが知っていることはとても少ない。暗闇は人間の世界ではない。私たちは、あくまで訪問客にしかなれないのだ。

光に照らされた惑星

コウモリ、ホイッパーウィルヨタカ、コフキコガネはみんな、たそがれ時に活動する。対して、私たち人間は極度に昼行性だ。人間は多くの点で、完全に視覚からの情報に依存しているので、私たちにとって光は安全と同義だ。それゆえ、私たちが生活の場を光で照らしたいと思うのはおかしな話ではない。この150年間で、電灯や電球が世界中で輝かしい支配力を確立したし、最近では革命的なダイオードランプの登場によって、この世界を照らすという取り組みはますます急速に進んでいる。私たちはよく、安全のために家の庭、通り、工業施設、駐車場などを、電灯、投光器、ワイヤーライトで照らす。私の家から数百ヤード（数百メートル）のところにある学校の駐車場には、約50本の街灯柱がある。12平方ヤード（約10平方メートル）のアスファルトにつき約1本の街灯が置かれている計算になり、そこは主に夜間にたむろする場所を求めて車でやって来る若者たちの憩いの場となっている。ほかの場所でも、どこも同じような状態だ。誰もいないオフィス、車のない駐車場、高速道路沿いにある倉庫の正面入り口などでも、光が輝いている。人間は夜に生きる動物を追いやりながら、昼を押し広げてきたのだ。

現在の夜の地球を人工衛星から撮影した写真を見ると、この星は煌々と輝いているように見える。世界中の人口密集地域はどこも、遠い宇宙からでも見えるような、光り輝く斑点を作り出しているのだ。明るい通りは光の網目のように街と街を結び、最も人が集まる場所には、1つの光のもやができている。人工衛星写真からは、都市化された世界がどのように広がっているかをありありと知ることができる。そしてこの広がりこそがおそらく、人新世と呼ばれるものの1つの代表的な象徴なのだろう。人新世という発想は1980年代に生まれたのち、オランダの化学者でノーベル賞受賞者のパウル・クルッツェン（1933〜2021年）が、私たちの生きる時代を指し示す用語として使うことを提案した。だが、人間が世界に影響を与えているという事態を考慮して新たな時代を名づけようとする考えは新しいものではない。その源流は1860年代、アメリカの政治家・外交官・言語学者であったジョージ・パーキンス・マーシュ（1801〜1882年）にまでさかのぼれる。彼はやや思いがけない形で、初期の環境保護運動の創始者的な人物となった。彼の1864年の著書『Man and Nature; or, Physical Geography as Modified by Human Action（人間と自然、あるいは人間の活動によって変化するものとしての自然地理学）』に影響された人々によって、その後20年にわたり、人間が環境に害をもたらしていることを念頭にその時代を名づけようという試みが相次いでなされたのである。ただ、人新世という考え方が定着したのは現代になってからだ。

夜の衛星写真は、現代の人間の活動が時間的にも空間的にも大きく拡大しているという事実をはっきりと示す。技術の発展は人間に多くのメリットをもたらしたとはいえ（実際の光という形でも、比喩的な光という形でも）、その過程にはエネルギーのむだ遣い、いきすぎた大量消費主義、生態系の崩壊などが必然的に伴っていたことも確かだ。私たちが光害と呼ぶもの、つまり不必要な人工の光は、自然を変えてしまったが、人新世の例としてはこれまで過小評価されてきた。人工の照明は私たちのエネルギー総使用量のちょうど10分の1を占めているが、その光のうち実際に役に立っているのはほんの一部だ。光の多くは、歩道や屋外の扉を私たちの狙い通りに照らすのではなく、空へと漏れていく。ヨーロッパとアメリカ合衆国でおこなわれた調査によると、的はずれな方向に向いていたり、過度に強かったりする照明は、2000万台の自動車が排出する二酸化炭素と同レベルの汚染を引き起こすという。また、2017年には、光害は低く見積もっても全世界で毎年2％ずつ増加していることもわかった。

この星をこれほどまでに明るくしようと思う理由の1つは、間違いなく私たち人間の暗所恐怖症にある。暗闇に対する恐れは文化や歴史に、そして同様に遺伝子に刻まれている。それはまったく自然なことであり、ほかの多くの恐怖や反応と同じく、生存のための特性だ。私たちの視覚は、慣れれば暗いところでもしっかり見えるようになるが、慣れるまでにある程度の時間を要する。日光が大量に流し込んでいた光の粒子が減り始めたとき、私たちの目のなかで正しい色素が集まるまでには少なくとも30分かかる。そこから、光の感度が最大まで高まり、暗闇のなかで自分の立ち位置をしっかり把握できるようになるまでにはさらに時間がかかる。そして暗闇のなかで最大まで高まった視力は、一瞬で元通りになってしまう。街灯をちょっと見たり、携帯電話の画面がついたり、ヘッドライトをつけた車が通り過ぎたりするだけで、光を感じる視覚色素であるロドプシンは、まるでトランプのタワーのように崩れてしまい、目が慣れるまでまた一からやり直しになるのだ。

今日、私たちが暮らす都市では、本物の暗視視力を確立するのはほとんど不可能だ。というのも、光のある場所がとても多く、ロドプシンの集結がすぐさま妨げられるからだ。地球上でトップクラスに明るい都市だと言われており、なかでも光害が最も著しいであろう香港やシンガポールには、目の自然な暗視視力を動員できるほどの暗い街角がほとんど存在しない。香港の人々は、光で照らされていない場合よりも1200倍も明るい空の下で眠っている。シンガポールで育った人は、暗視視力を一度も体験したことがないだろう。このような状況は、世界のどこであろうと、都市に住む人にはますます当てはまるようになっている。

夜を体験する機会を人々が失っているという話は、懐古主義的で本題から外れているように思えるかもしれない。けれども、人新世を生きる人間が、過剰な人工の光によって大きな悪影響を受けていることを示す研究は数多くある。人工の光は私たちの生物時計を乱し、睡眠障害、うつ、肥満の原因となる。夜に光を浴びすぎることが、ある特定のがんの直接の原因であると唱える研究論文もいくつかある。それについてはのちほど詳しく取り上げよう。

掃除機効果

一匹のガが、きらきら光る滝へと向かっていき、水のなかへと消える。すぐにほかのガもやってきて、やがて次々と列をなして後を追う。ためらったり、止まったりするものは一匹もおらず、勢いよく流れる水にまっすぐ突っ込んでいく。

この現象は1800年代にアイスランドのスキャゥルファンダフリョゥト川の滝で観察された。その夜、ガが滝に引き込まれたのは、体を冷やしたかったからでも、当然の結果である水死を望んでいたからでもない。滝の水滴が作り出す光のきらめきが、催眠術のような誘引力を発して、ガを引き込んだのである。この現象を観察したのは、哲学者・心理学者・生物学者のジョージ・ジョン・ロマネス（1848〜1894年）だ。人間と動物の両方の本能について研究していた彼は、昆虫の進路がマッチ棒のかすかな光や水滴の輝きといったきわめて弱い光によってでも乱されてしまうという現象に魅了された。ロマネスはオックスフォード大学で研究しており、チャールズ・ダーウィンの親しい友人であった。彼はダーウィンの唱えた説の熱心な代弁者でもあり、ダーウィンの跡を継いで進化論の御座を守るのではないかと、周囲からは思われていた。

ところが、ジョージ・ジョン・ロマネスは46歳という若さで死去し、次の20世紀に活躍したほかの生物学者の影に次第に埋もれていった。だが、彼が著書『Mental Evolution in Animals（動物における心的発達）』と『Mental Evolution in Man（人間における心的発達）』で書いた動物の本能に関する考察は、動物学と心理学の両方に大きな影響を与えた。ロマネスが記した、スキャゥルファンダフリョゥト川の輝く水に引き寄せられるガと同じように、昆虫が光に引き寄せられ、光の周囲を飛び回る円を少しずつ狭めていき、しまいには光源の中心へ真っ逆さまに落ちていく――そんな様子を時折目にする人は多いだろう。

2001年、私はマレーシアの奥地の森にあるクラウ自然保護区でおこなわれた、コウモリに関する研究集会に参加した。当時私は博士論文を執筆中の若い大学院生で、この経験の機会を逃したくないと考えていた。地元のテレビ局が、コウモリを研究する現地の研究者に密着取材をしていた。ある晩、夕食をとっていたとき、撮影チームの1人が、上空に向けられた大きなライトをつけっぱなしにしていた。そのライトは暗く湿った熱帯雨林の空気のなかで細い光の柱を作り出し、光源の周囲の昆虫たちがどのように振る舞うかをはっきりと見せてくれた。ガ、トビケラ、蚊、甲虫、コオロギのほか、普段は見られないありとあらゆる昆虫の大群が光の柱に照らされ、その一匹一匹が踊るように回りながらライトに飛び込んでいくのだった。ところが、ライトに飛び込まないものもいた。これを好機と見た一匹のカマキリが、ライトの端に降り立ち、次々と獲物を狩っている。そのカマキリは撮影チームのライトを自分だけの罠に変えてしまったのだ。意図的におこなっているとしか思えないそのカマキリの工夫を、私は長い間じっくり観察した。

ラスベガスの最も有名な大通り「ストリップ」の南端には、私がマレーシアで見たライトとよく似た機能を果たす照明装置が上空にそびえている。ルクソール・ホテル・アンド・カジノの屋上には、全米で、そしておそらく全世界で最も強力なイルミネーション、「ルクソール・スカイ・ビーム」がある。湾曲した鏡と、それぞれ7000ワットのキセノンランプ39個の組み合わせによって、まっすぐ宇宙に向かって放たれる光線は、約45マイル（約72・4キロメートル）離れたところからも見える。航空機の巡航高度にいても見えるのだ。その光の強さはろうそく420億本分に匹敵する。世界でトップクラスに明るい都市として傑出しようとするなら、パワーをケチってはいけないのだ。

2019年、例年に比べたら異常な湿気がネバダ州で発生した後、この地域に膨大な数のバッタが移動してきた。このようなバッタの大群そのものは、決して珍しくはない。半年後には、アフリカ東部で同じことが起こっている。バッタの仲間の多くは、特に雨が大量に降り続いた後、大挙して移動する傾向にある。バッタは急速な繁殖が可能で、群れがある一定の規模に達すると、ホルモンの働きによって移動する。バッタの大群は異様な光景を作り出すのみならず、とりわけ農作物に被害を与えるなど、社会的に重大な問題も引き起こす。ラスベガスのバッタ大量発生事件を見た人は、キリスト教の聖書の例を引き合いに出さずにはいられないだろう。エジプトのピラミッドを模したホテルがある、ギャンブルという罪が盛んな街に、周囲の砂漠から何百万というバッタの大群が一斉にやってくる――まるで「出エジプト記」で描かれた、神がもたらす10の災いの1つのようだ。バッタの襲来が最高潮に達した2019年7月、ソーシャルメディアには想像力豊かなビデオやコメントがあふれかえった。

そのバッタは普通、夜間に移動しており、毎晩、ネバダ州の気象学者たちはレーダーの画面上で、バッタの群れがラスベガスに近づいていることを確認できた。広告ビジョンやネオンなど、ラスベガスのあらゆる明かりが磁石のようにバッタを惹きつけていたのであり、なかでも最悪なのがルクソール・スカイ・ビームだった。隣のアリゾナ州から来るすべての昆虫を引き寄せていたのだ。昆虫学者の間では、このような現象は「掃除機効果」と呼ばれ、よく話題になる。そして、ルクソール・スカイ・ビームやマレーシアの森で私が観察したライトとまったく同じく、あらゆる街灯や門灯も、照明で明るくなったあらゆる建物の正面玄関も、昆虫にとって魅惑的な誘引力を放っているのである。より大局的に見ると、都市は郊外の昆虫を引き寄せており、生態系全体の変化につながっている。

この掃除機効果は、光の罠で昆虫をつかまえる昆虫学者には長らく利用されてきた。その罠は照明と箱でできていて、昆虫が飛んできて入ると、漏斗に閉じ込められて出られなくなる。１９９０年から２００７年にかけて、このような罠がスウェーデンの自然歴史博物館の屋上に設置されていた。毎年、この罠の光には２００種類を超えるチョウが集まり、17年間の合計では、７４０種類もの甲虫目や異翅類《いしるい》などが集まった。何年にもわたり、罠にかかる虫の種類の構成比はあまり変わらなかった。しかし、仮に研究者がそれぞれの種類の個体数を記録し、その重さを量っていたなら、つまり、虫たちのバイオマス（生物量とも。ある時点の任意の空間内に存在する生物体の量）を量っていたなら、１つの傾向を見出せただろう。ドイツでは、スウェーデンの調査の1年前に、同様の、しかしかなり大規模な調査が始まった。60を超える自然保護区において昆虫が捕獲され、種《しゅ》を特定され、重さを計測された。そして２０１３年に、最初の警告が出された。

だが、その知らせが世界に知れ渡るのは、４年後にさらなるデータの分析がされてからだった。なんと、昆虫のバイオマスが75%も減っている！――それからその話は、ソーシャルメディアで「ハルマゲドン」、「昆虫世界の崩壊」などといったキャッチーな題名をつけられて、急速に広まった。その研究結果はオープンアクセスとして刊行されたので、我田引水の結論を出したい人、統計を独自に再解釈したい人、競合する研究を見直したい人など、誰もが見て利用することができた。とはいえ、その結果は明らかだった。昆虫の数が減っているのだ。都市化、地球温暖化、殺虫剤、大規模農業、単作、森林の消失など、昆虫の死の理由は多数ある。いま挙げたすべての要因は、絶対に無関係ではないだろう。しかし、昆虫が光に反応する様子を見てきた人なら誰でも、光害が主な原因であることは明らかだと考えるのではないだろうか。

失われた交尾の本能

この世界に何種類の昆虫がいるのか、正確な数は誰も知らない。何百万という種類がいて、常に新種が発見されている。スウェーデンとノルウェーだけでも、この10年で1600もの完全に新種の昆虫が発見されている。熱帯では、昆虫の調査がおこなわれるたびに新発見がある。そしておそらく、多くの種《しゅ》が私たちに発見される前に絶滅しているのだろう。

昆虫のあらゆる種《しゅ》のうち半分が夜行性で、食事や交尾相手を得るために少なくとも数時間の連続した暗闇状態を必要とする。夜の制限された光はこれらの昆虫の身を守り、星や月の薄暗い明かりは、昆虫の位置の把握やホルモン分泌に重要な役割を果たしている。そのため、光と闇の自然な移り変わりが妨げられると、夜の昆虫の存在そのものを脅かす事態になる。

夜間に自分の進むべき方向を定めるのに、大多数の昆虫は星明かり、月明かり、あるいは、いわゆる偏光を利用する。暗闇のなかを飛ぶガは、夜空で最も明るい自然光である月明かりを感知し続けることで、迷わずに進路をとる。月よりも限りなく近い、不自然な人工の光源に出くわすと、そのガは同じように進路をとろうとして、人工の光のほうを向く。そうして、らせん状に飛びながら、だんだん光に近づいていく。

催眠術にかかったように光にとらわれた昆虫は、その場にとどまる。ときには完全に疲れ切って、その多くは夜明け前に死んでしまう。ほとんどの場合は太陽と入れ替わりに、ようやく人工の光が消えるとき、生き残った昆虫はほとんど移動しておらず、夜の務めを果たせていないのである。花の蜜を吸えておらず（その植物の花粉を運んでもいない）、交尾の相手を見つけておらず、卵を産んでもいない。

夜の闇のなかで方角をつかむために、昆虫はよく偏光も利用するが、人間も同じく偏光を利用していたことがあるようだ。たとえば、アイスランドの歴史物語では、バイキングが日長石という鉱石を使って航海をする。その石のおかげで、太陽光線によって空に形成される肉眼では見えない模様が見えるようになる。どのような天候のときでも、バイキングは日長石を通して空を見ることで、太陽がどこにあるかわかったという。その用途に使われた日長石の実物を考古学者は発見していないが、理論的には可能な話だ。

光は上下や左右だけでなく、全方向に向かって波打っている。光をさえぎるものがなければ、その方向は均等に分かれる。だが、光の粒子が空気中の分子や微粒子とぶつかったり、光が、たとえば水面のような層を通り抜けたりすると、光が波打つ方向の一部はフィルタリングされて取り除かれる。これが〝偏光〟されたということで、その光の波は、ある特定の方向に向けて重点的に揺れ動くようになる。これは常に起こっていて、空のいたるところで、さまざまな度合いで偏光が起こり、それぞれ違った方向へと波打つ光のパターンが形成される。太陽が沈むにつれて偏光の度合いは変わる。そして夜明けとたそがれの際には、光のパターンはより単純になる。まるで、太陽が地球の縁を越えて光線を引っ張っていて、夕空に軌跡を残すかのようだ。その軌跡が、コンパスと時計、両方の役割を果たす。私たち人間はこれを肉眼では見られないが、昆虫には見え、さらに、昆虫は方向感覚をつかむためにそれを利用している。

ミツバチが偏光を利用していることは長く知られていたが、もっと最近になって、ほかの昆虫、クモ、甲殻類、そして鳥までも含む、多くの種《しゅ》がこの光学的なコンパスを利用していると判明した。さらに、太陽が地平線の下に沈んでから長い時間が経つと、月が同様の役割を果たすこともわかっている。といっても、月明かりは太陽の4万倍も弱いのだが。

フンコロガシは、人間にはほとんど識別不可能な月が、夜に作り出す光の模様をとてもうまく利用する。フンコロガシには多数の亜種がおり、スウェーデンだけでも60種類ほどがいる。おそらく最もよく知られているのは、アフリカのサバンナに住む、動物の糞で玉を作って転がす習性を持つ種類だろう。後ろ脚を使って、フンコロガシは根気強く玉を巣まで転がしていく。玉は虫本体の何倍もの重さにもなりうるが、栄養たっぷりでほかの個体に奪われることもあるので、急いで巣に持ち帰らなくてはならない。最も早く帰れる近道を見つけるために、フンコロガシは夜空の月の偏光を利用して進路を決める。そして新月の最も弱い光であっても、フンコロガシは正しい方向をつかむことができる。この虫は月からの偏光のわずかな違いもわかる鋭い感受性を持っており、大都市の近くの環境でも、道路や家から漏れ出る光の軌跡が弱ければ、道に迷わない。その場合、月が満月でなければならないけれども。そうでなければ、空の光の軌跡がフンコロガシにも見えなくなってしまうのである。安全のために、フンコロガシは開けた場所で星を利用して方向を定めもする。作った玉の上に登って天を仰ぎ、ちょっとしたダンスをすることで、夜の空の模様を写し取った天体写真を撮るように、夜空のスナップショットを自らのなかに保存するのだ。砂漠に住むアシダカグモも同じような動きをする。8つの目で冷静に夜空を見て、アシダカグモは地平線と星の位置をとらえた地図を記憶し、それを頼りに荒れ果てた砂丘のなかでのルートを決めるのだ。

動物の糞で玉を作り、夜の星の様子を記憶して自分の向かうべき方向を決めたフンコロガシは、玉を転がして安全な巣までまっすぐ帰る。古代エジプトで、スカラベと呼ばれるフンコロガシはその玉のなかに卵を産みつけていると信じられていた。そのため、古代エジプトの文化でフンコロガシは豊穣の聖なる象徴となった。そしてフンコロガシの旅は天界における太陽の進路に見立てられたので、太陽神ラーの朝の形態であるケペラは、フンコロガシの頭を持つ姿で描かれるのが通例となった。

光が水面に当たると、光の波は変化し、特定の偏光パターンで反射する。それによってトビケラやゲンゴロウなどの水生昆虫は、水までの道を見出す。しかし、人工の光は偽の水面を作り出してしまう。アスファルト、コンクリート、ガラス、車の光沢のあるコーティングなどといったものはどれも、水と同じように光を反射し、そのようなものが水面らしく見える効果を、家、ショッピングセンター、工場などからの光が強めている。ゲンゴロウが自分の車のボンネットに突っ込んできたり、カゲロウが卵を産もうと駐車場の車に降り立ったりするところを、私は見たことがある。カゲロウの短い成虫の期間には、水に卵を産んで、次の世代に繁栄のための良好な環境を与えてやるという目的しかない。そのようなカゲロウを混乱させ、工場や巨大な駐車場で卵を産ませれば、種《しゅ》全体が一夜にして死に絶えるという事態も起こりうる。

人工の光は、昆虫の自然な方向感覚を阻害し、最悪の場合、完全なる不活性や死に至らしめるというだけではない。昆虫がコミュニケーションをとったり、同種の別の個体を見つけたりするために発するフェロモンの生成や、においの分泌をも妨げる。たそがれ時の暗闇は、ホルモン系統が活性化するための合図だ。光は交尾の本能を減衰させ、夜間のにおいの痕跡を消してしまう。

ヨトウガは光に悩まされている虫の一例だ。ヨトウガは大きく、まだら模様のあるガで、ヨーロッパとアジアの広い範囲に生息する。成虫は5月から6月にかけて、蛹から出てくると数分のうちにパートナー探しを始める。メスはまず夜の10時頃、触角を前方へ伸ばして羽をはためかせ、においを分泌する。オスはにおいを受け取り、同じ動きをしたのち、触角を引っ込め、何回かすばやく羽を動かし、良いにおいのするメスを探しに出発する。オスとメスが出会うと、オスはメスの体を触角でなで、正しいメスを見つけられたのかどうかを判断する。そしてオスはすばやく羽を動かし続け、交尾が始まる。2匹はメスの片方の羽でオスの体を覆うようにして一夜をともに過ごし、交尾が終わると、メスは卵を産むために立ち去る。

この交尾の儀式全体が暗闇のなかでおこなわれる。人工の光がある実験室では、メスが発するフェロモンは少なくなり、さらにそのフェロモンの構成は暗闇で発されるものとはまったく変わってしまう。そのため、交尾が始まらない。メスは暗いところで待ち続けるが、オスは来ない。オスは正しいフェロモンを待ち続けるが、それを受け取ることはない。実験室で生まれて蛹になる幼虫も、早すぎるタイミングで羽化してしまうリスクがある。暗闇は蛹にとって必要不可欠なのだ。長い夜が、その休眠状態を維持する助けとなる一方、光は蛹がすぐにガに変態してしまう原因となる。そうして、食べ物がない秋や冬に羽化してしまう場合もある。光、あるいは暗闇の不在は、ガの一生のすべての段階においてよくない働きをして、その死につながるのである。

大量死

前で述べたドイツでの研究に加えて、世界の昆虫の数が減っていることを警告する別の指標もある。私と同じくらいの世代で、20世紀に自動車の運転経験がある人なら誰でも、フロントバンパーやライトに死んだ昆虫がついているのを見たことがあるだろう。当時の研究では、毎年何十億匹という昆虫が、夜の闇のなかをヘッドライトをつけて走る車に当たって死んでいると推測された。ところが、いまも車を運転する人は、そのような昆虫に悩まされることが減ったと言うだろう。昔ほど昆虫の死骸が車に貼りついていないと。この数の減少は「フロントガラス現象」と呼ばれる。きちんとしたエビデンスに乏しいとしても、フロントガラス現象は道路近くの昆虫が減っている事例として現実に起こっている。スウェーデン、イングランド、ヨーロッパの大陸部、アメリカ、熱帯地域など、どこでも観測されているのだ。アマチュアの昆虫研究者やチョウの収集家、フィールドワークをする生物学者がこうしたデータを蓄積することはよくあるものの、長期的な研究はまだほとんどない。だがデンマークの研究者、アンダース・パプ・メラー（１９５３年〜）は、自分の車のフロントガラスを使って、昆虫の数の変化を計測した。20年間にわたり、彼は繰り返し同じ道のりを運転し、車に当たって死ぬ昆虫の量がときとともに大幅に減少しているのを発見した。同じ時期、昆虫を食べる鳥も減少していた。つまりメラーは、フロントガラス現象が現実に起こっていると証明したのであり、この問題が真剣に検討されるきっかけを作ったのだった。

ちなみに、昆虫を救う方法よりも昆虫を殺す方法の研究のほうが多いことは、私たち人間の営みをよく物語っている。たとえば、光の罠で害虫を駆除する方法に関しては、十分な裏づけのある実験がいくつもある。

ドイツでおこなわれた昆虫のバイオマスの計測も、国や大学の研究機関が始めたものではなかった。この価値ある取り組みを始めたのは、クレーフェルト昆虫学会という団体だ。１９０５年に創立されたこの学会は、昆虫のための活動を1世紀にわたっておこなってきた。ノルトライン・ヴェストファーレン州の町、クレーフェルトの中心部にある、かつて学校だった建物の会議室は、50人の会員と彼ら所有の１００万近い昆虫のコレクションで混み合っている。さらに、その10倍もの数の昆虫がラベリングされた瓶に入れられ、まるで混沌とした博物館のように、各教室に所狭しと並べられており、そのコレクションはいまでは文化的・歴史的な保護の対象となっている。会員は、専門教育を受けた動物学者ではない。聖職者、出版業者、技術者、教員などだが、みんなそれぞれの分野では著名人だ。学会の最も有名なメンバーに数えられるジークフリート・シモルク（1927〜1987年）は、チューリヒ大学から名誉博士号を授与されたが、初等学校すら出ていなかった。学会はこれまで、昆虫やその分類法、生態系に関する2000を超える論文を出版している。そして、2013年に学会が昆虫の大量死に対する警告を発した結果、いまでは学術界も動き出し、プロジェクトを支援するようになった。大学における昆虫研究への関心も、世界中で爆発的に高まった。

地球上の生物は、これまでに5度、大崩壊を迎えている。最後の大崩壊は6500万年前で、そのときは恐竜が、ほかの動物の4分の3とともに地球から姿を消した。今日では、全昆虫の約40％が絶滅の危機に瀕しており、オーストラリアと中国が編集した2019年の世界の昆虫に関するデータからは、私たちが地球史上6度目の大量絶滅に向かいつつあるとわかる。その原因は人類だ。調査されたあらゆる種類の昆虫のなかで最も悪い状況だったのは、さまざまなガの仲間だ。ガの仲間のうち3分の2を超える種《しゅ》が減少していて、3分の1は深刻な危機にさらされている。この研究をまとめた著者たちは、昆虫の種《しゅ》の数は毎年3％ずつ減っており、このペースが続けば、100年以内にほとんどの昆虫が消え、地球の生態系が大きな危機を迎えると指摘する。

数年前に中国の四川省の果樹園で撮影された写真では、何千人もの労働者がそれぞれブラシを持ち、木に登って手で花を受粉させていた。通常ならミツバチがやってくれる作業だ。速い労働者だと1日に10本の木の授粉作業ができるというが、ミツバチの小さなコロニー1つは、その百倍もの作業ができる。将来、私たちのいる国でも、作物の授粉作業をおこなう人が職業紹介所で募集されるようになるかはわからないが、野生の昆虫がますます減れば、人間への影響も避けられない。

クレーフェルトはルール工業地帯や、ヨーロッパで最も人口過密な国であるオランダに近接するけれども、クレーフェルト昆虫学会の会員によって発見された昆虫の大量死は、最初から光害との関連が疑われていたわけではなかった。その理由の1つは、減っていた昆虫の多くが昼行性だったからだ。しかし、ドイツで本格的な分析が始まり、花の受粉が少なくなっていることが明らかになりつつあるなかで、複数のオランダの研究者が学術雑誌『Global Change Biology』において、暗いところで活動するガが、ほかの昆虫よりも減っているようだと述べた。さらにその減り方は、都市部で特に著しいという。光が重要な要素であることが、はっきりし始めたのだ。

それからすぐに、アメリカ合衆国とカナダの生態学者が、オーストラリアとニュージーランドの研究者と共同研究を始めた。その研究者たちはみんな、光がこれまで言われていたよりも大きな役割を果たしていると確信していた。なにしろ、概日サイクルは普通なら、生態系全体のなかで最も不変の要素であったはずだ――私たちが人工の光を使い始めるまでは。大まかな状況をつかむため、研究チームは昆虫と光に関する既存の研究をすべて集めた。そして、人工の光が昆虫に悪影響を及ぼすことを示す科学論文を１００ほど見つけた。

人工の光は生殖のサイクルを長くしたり短くしたりし、孵化を誘発し、昆虫が幼虫から蛹、蛹から成虫になる変態に影響する。光はまた、狩りや送粉の条件を変え、食物の摂取、飛行、移動にも影響する。つまり、昆虫の一生のすべての局面に影響するのだ。

21世紀初頭には、〝光害〟という言葉はほとんど知られていなかった。知っていたのは天文学者だけだった。光が鳥やカメにどのような影響を及ぼすかを調べる研究は時折おこなわれていたが、それ以上はなかった。コウモリ研究者でさえも、光がコウモリに与える影響を論じていなかったのだ。そしていまでも、光害の研究は始まったばかりだ。光と闇が生態系にどのように作用するか、まだほとんど知られていない。きわめて少ない種《しゅ》に関する、きわめて少ない実験や研究しかおこなわれていない。その代表的な例が、夕方や夜に活動する場合が多いクモだ。光を使うと、クモを簡単に目覚めさせたり、その活動を止めさせたりできる。クモは時差ボケになったり眠くなったりすることがなく、オフかオンの二択なのだ。そのため、クモは光害の研究対象として完璧で、世界に数少ない概日生物学者（光と闇に関する事柄を専門に研究する）が好んで研究対象にしたいと思う動物の上位にいる。

外の世界はすべて、自然の光の細かい変化によって動いている。そこには、さまざまな時間に目覚めて動き始め、さまざまな光の強度や波長によってプログラムされた生態系がある。ある動物が眠りにつくとき、別の動物は活動を始める。そして、ときには人間にはわからないような微妙な形で1日の時間を正確に告げる光とともに、一連の出来事、ホルモンサイクル、行動が、始まったり終わったりする。

知見が蓄積されれば、問題解決の可能性も高まる。光は生態系のシステムおよび私たち自身の健康にどのような影響を及ぼしているのか。その点に対する注目が高まるほど、社会の光の需要と自然の闇の需要を調和させるために、前進することができるだろう。

第2部

夜

——その重要な生態的地位

暗闇の視覚

最初の目が世界を見たのは、いまから5億4000万年前だ。このとき原生代が終わり、顕生代という名で知られる時代が始まった。この名は「肉眼で見える動物」というギリシャ語の翻訳が由来である。そしてその名こそが、この時代に何が起こったかを表している。

すべては1000万年の間に起こった。突然、動物が、しかも大量の動物が登場したのだ。これはカンブリア爆発と呼ばれている。長い間、この時期に原初の多細胞生物が生まれたと考えられてきた。なぜなら世界中の山で見つかる化石からは、先カンブリア時代とカンブリア紀の境界が、はっきりと見て取れたからだ。先カンブリア時代にはほとんど何の動物もいなかったが、それがたとえるなら一夜にして、おびただしい量の動物があふれるカンブリア紀に変わったのである。ところが、多細胞生物は実際にはそれよりはるか昔から存在した。カンブリア爆発が起こった背景についてはさまざまな説があるが、今日では多くの人が、最も重要な要素は捕食という行為の出現だと考えている。つまり、動物が互いを食べ始めたのだ。遺伝的特質や生物の「個体」という枠組みはその前から存在した。だが、それらの個体の間に物理的な違いはほとんどなかった。少なくとも、食べられてしまうという恐怖が生まれるまでは、どの個体も互いによく似ており、同じように振る舞っていた。カンブリア紀は肉眼で見える生物のビッグバンのような時代だ。生物の多様性が生まれるための基本的な要素は長い間そろっていたが、さまざまな動物の形が本格的に分化したのは、この爆発の後だった。

動物はこのとき、動けるようになり始めた。身を守るための角や硬い殻も発達し、それらは5億年後に私たちが観察できる化石となった。しかしそれよりももっと重要なのは、感覚器官の進化が始まったことだろう。それはさながら捕食者と被食者の軍拡競争であった。音を聞いたり、においを嗅いだり、振動を感じたり、ほかの個体がどこにいるかを見たりできるようになれば、生存と繁栄をめぐる戦いで有利なスタートを切れる。それ以来、捕食者と被食者の競争は進化における最も強い推進力となっている。

生物に初めて備わった本物の目も、この頃に形成された。ものを見る能力は、ほかの競争相手に対して大きなアドバンテージとなる。獲物が見えたり、狩りをおこなうほかの動物から逃げられるようになったりするからだ。光に反応する能力は前からあったけれども、何らかの像視が突然発生したのはこのときだった。それ以前、さまざまな生物は大抵の場合、暗闇のなかを漂って互いから隠れて暮らしていた。だがカンブリア紀の動物は、日光をレンズでフィルタリングして、網膜で受けることができるようになった。この発達の痕跡は、中国、北アメリカ、そしてスウェーデンにおいても、堆積した化石に見ることができる。

ある夏の間、私はスウェーデン南部のヴェステルイェートランド地方の採石場の斜面で、石油の香りがする平たい石の山に囲まれてキャンプをした。それらの石は、黒い粘板岩のなかで焦げた歴史書のように突き出ている。私は採石場の垂直壁の下にある化石を探していた。垂直壁は近くの村や農場からの光を都合よくさえぎってくれる。私のこの夜の作業に必要な光は、ベーネル湖に映る夏の夜空の反射で十分だ。砂岩がミョウバン頁岩に変わるこの場所を見ると、スウェーデンがかつては熱帯にあって、今日の場所である北へ移動してきたということがはっきりわかる。その旅は5億年かかり、その道すがら、多くの動物が山で化石になった。黒いミョウバン頁岩にはカンブリア紀の生物たちのスナップショットが記録されている。ところどころ酸化で赤くなったり、かすかに緑に光ったりしている黒い粘板岩の石版に、化石というヒエログリフが刻まれているかのようだ。

この採石場の周りのボタ山や、近くの別のミョウバン頁岩の採掘場は「レードフィール(Rödfyr)」(röd：赤、fyr：かがり火)と呼ばれる。ミョウバン頁岩を大きな釜で燃やしていた過去の時代の遺物だ。動物の有機物が朽ちずに石のなかに含まれているため、その石は効率のよい燃料となる。このような窯はいまでも多くの採石場に残っている。エネルギーのみならず、この頁岩からはミョウバンもとれる。ミョウバンは止血剤などの医療用に利用されてきたほか、布地を染める際の媒染剤として知られる。

200年前、私がいる採石場の粘板岩の山からおよそ30マイル（約48キロメートル）のところで、元加治屋の息子のスウェン・マルムベリという男性と、スティーナ・アンデルスドッテルという女性が、あるミョウバン採掘場で召使いと女中として働いていた。その採掘場は地域でも最古の部類に入るもので、18世紀にヨハン・フォン・メンツァー男爵（1671～1747年）によって設立された。採掘場はディンボ教区というところにあった。教区の首都もディンボという名前で、1100年から記録に残っている。この地名は古スウェーデン語の「ディンベル（dimber）」から来ている。「もや、よく見えないこと、霧」という意味だ。かつて「ディンマ（Dimma）」と呼ばれていた小川が、この一帯にもやがかかる原因となったのだろう。その霧と採掘場からの煙、そして石油のにおいは、まるで古代スカンジナビアの神話に登場する冥界の川「ギョル」がそこに流れているような、現実離れした光景を作り出していたに違いない。

労働環境は厳しく危険だった。ウランとヒ素が粘板岩からしみ出て、近隣の水を汚染していた。だがそのようななかでも、スウェン・マルムベリとスティーナ・アンデルスドッテルは惹かれ合い、結ばれた。やがて息子のヨハネス・スウェンソン、そして孫のヨハンが生まれた。それが私の曽祖父であり、私の名前は彼にちなんでつけられた。本書のもっと先で、曽祖父のヨハンについてはもう一度触れることになる。

黒い粘板岩には石油のにおいがする石灰のかけらがいくつも含まれている。それはその独特のにおいから「オルステン（orsten）」、あるいは「臭石」と呼ばれる。〝オルステン〟はどれも、貝や5億年前の小さな生物の化石化した残骸からできている。規模は大きくないが保存状態がよいため、ヴェステルイェートランドの〝オルステン〟は、古生物学の世界で世界遺産と同じくらい重要視される鉱床を形成している。〝オルステン〟を割ってみると、5億年前の墓地があらわになり、膨大な数の動物の化石が現れるというわけだ。

なかでも、いまは絶滅したさまざまな種類の三葉虫や、今日の海にいるものとどこか似ている多種多様な甲殻類が見られる。完全に成長した個体もいるが、さまざまな段階の幼生もいる。殻や骨だけでなく、触角、口の一部、さらには目の一部も残っている。顕微鏡で見ると、地球で最初期の発達した視覚器官があらわになる。そしてそれは特定の動物種にのみならず、系統の違うさまざまな動物種に見られるのだ。〝オルステン〟を調べると、光をとらえる目の能力の発達の軌跡をたどることができる。幼生期のノープリウス（甲殻類の幼生で最初の発達段階のもの。浮遊生活をする）の単純な目から、今日の昆虫や甲殻類と同じような、成体の複雑な目まで見つかるのだ。それぞれの微妙な違いや、レンズの一枚一枚が観察できる。このことから、カンブリア紀にはすでに、視覚が今日の発達したレベルにまで達していたと、はっきりわかるのだ。

目

私たち人間の目は、丸い、ゼリー状のガラス体でできている。片側にはレンズが筋繊維で吊るされている。そのレンズは光線を屈折させ、近くと遠く両方の光子の反射をとらえるようにできている。角膜に守られたところには、虹彩がある。これは同名の虹の女神（イーリス）から名づけられた。虹彩は世界に対する窓を操作する。その窓とはつまり、光の量によって大きさが変わる瞳孔だ。夜の闇のなかでは、利用できる光をすべて受け取るために瞳孔は広がり、日の光のなかでは瞳孔は狭まる。虹彩の役割は、網膜と視神経に流れ込む光の量を調節するだけではない。その色を通して、他人に情報を与えてもいる。私たちがほかの人の印象を受け取る際、目の独特な色の配合、動き、視線の交わりなどは決して些細な要素ではない。虹の女神イーリスは神と人間、天と地の間の伝令役であった。同様に、私たちの虹彩《イーリス》は、周囲の世界を理解し、それに対する反応を伝えるのを助けている。

ガラス体の後ろ側に達した光は網膜にとらえられ、そこで一瞬のうちに電気信号に変換される。そして視神経が、絶え間ないデータの流れを脳に送り、脳がそれを処理する。こうして光は私たちの内的なイメージになる。そのイメージはまばたきをしている間も呼び起こすことができ、夢のなかでも生気を帯びて現れ、言葉にして伝達することもできる。私たちは目を通して周囲の様子を取り込み、記憶しているのだ。

網膜上には錐体《すいたい》細胞がある。それは錐体1つにつき青、赤、緑のいずれかを感知し、その組み合わせによって、私たちが知覚するあらゆる細かな色の違い作り出す視細胞だ。錐体細胞が多いほど、イメージは鮮明になる。私たちに備わっているこの3種の錐体細胞のおかげで、虹の色すべてを認識できるのだ。しかし、人間の錐体細胞では、すべての光を認識できるわけではない。たとえば鳥の目は、人間の目よりも長い波長の光をとらえられる。鳥は人間と同じく、視覚が中心の生き物で、ほとんどその視力だけを頼りに生活している。だが、私たちには3種の錐体細胞（3つの色をとらえる）しかないのに対し、鳥には4種の錐体細胞がある。私たちと同じ3つに加えて、紫外線に反応する細胞があるのだ。さらに、鳥の網膜には油が張っている。これはスマートフォンのカメラのフィルターのような役割を果たし、色の微妙な違いをさらに細かく受容できるようになっている。そのため、鳥の世界の体験は私たちとは異なっており、私たちよりはわずかに多くの体験をしていると言えるだろう。といっても、シャコに比べたら、鳥も人間も大したことはない。シャコは16種もの錐体細胞を持っており、その色の需要のしかたは私たちの理解の範囲を完全に超えている。

人間の目は主に昼に適応している。辺りが暗くなって、目のなかに大量に流れ込んでいた光子が減り、瞳孔を広げても不十分なほど少なくなると、私たちの網膜の状態が変化する。私たちの目に解像能力と色の感知能力を与えるために光を必要とする錐体細胞が、特定の波長の光をとらえる力を失ってしまうのだ。そうして、細かいところが見えなくなり、色もはっきりしなくなっていく。だが、人工の光に当たりすぎず、夕方の暗さのなかで我慢して待っていると、視力が回復してくるのがわかるだろう。たそがれが色の世界を奪い取り、錐体細胞にとって十分な量の光がなくなったとき、その仕事は桿体細胞《かんたい》へと引き継がれる。桿体細胞は網膜の周縁部にある光受容細胞であり、光の感度がとても強いが、錐体細胞とは違って、色や波長に関する情報は感知しない。桿体細胞が活性化するにつれ、夜でもよく見えるようになっていくが、白黒でしか見えなくなるのだ。光を化学的に受容する働きの歴史は長く、それはものを見る能力を持つ器官よりもずっと昔から存在した。光の受容の歴史は、カンブリア紀より前の渦鞭毛虫類《かべんもうちゅうるい》までさかのぼれる。それはロドプシンというたんぱく質を生成する単細胞の藻だ。ロドプシンという名はギリシャ語から来ており、大まかには「視紅」という意味だ。ロドプシンは私たちの網膜の桿体細胞のなかにある光感応性の物質で、色の違いを見分けられるようにはしてくれないが、かすかな光だけでもものが見られるようにしてくれる。このように、とても奇妙なことだが、私たちの視力に貢献する遺伝子の源流は、動物界に属してすらいない生物に見出せるのだ。

人間とは異なり、たそがれ時の生活のために視覚が進化した大多数の哺乳類を含む多くの動物は、日中の陰よりも夜間の光に適応している。錐体細胞は2種類しかないが、桿体細胞による光の受容を促進するための構造物を持っている動物が多いのだ。そのような構造物の一例が、輝板だ。これは光を最大限に利用するため、薄明時の光線が網膜を二度通過するようにする膜である。夜にネコの目が光っているのを、誰しも一度は見たことがあるだろう。そう見えるのも輝板があるからだ。

不規則に広がっているコウモリの系統樹のなかでも、オオコウモリは独自の流派をなしている。この目をみはるほど大きなコウモリは、アフリカ、アジア、オセアニアで日没時に活動し、果物や花の蜜を食べて生きている。もっと小さい別のコウモリの仲間たちとは異なり、オオコウモリは方向感覚をつかむために反響定位ではなく暗視視力を用いている。オオコウモリの目は独特な形で環境に適応した。網膜の奥にある眼底が、多くの静脈で覆われているのだ。この血管は、網膜に栄養と酸素を間断なく供給する。そのため、網膜本体は、桿体細胞を覆ってさえぎってしまうような、かさばる血管を持たなくてよいのだ。反響定位が発見されるまで、オオコウモリ以外のコウモリも、ほとんど超自然的とも言える暗視視力を持っていると、多くの人に信じられていた。そのため、コウモリはその血のおかげで、とても暗い夜でももののが見えるのだと説明する話がたくさんある。1874年に記録されたスウェーデン南部の民間伝承にはこう書いてある。「できるだけ多くのコウモリの血を目に塗りなさい。そうすれば、昼間と同じくらい、夜間にものがよく見えるようになるだろう」

また、コウモリの血は目のけがを治すとか、哲学的な意味で明晰な視力を授けるなどと言われてきた。それは民間伝承の域にとどまらず、聖アルベルトゥス・マグヌス（1200頃〜1280年）のような知識人にも信じられていた。彼は中世の神学者・自然科学者で、死後にキリスト教の聖人に列せられた人物だ。彼はアリストテレスの著作を注解した最初期の一人であり、古代の教説についての膨大な知識を有していた。そんな彼もコウモリの力を完全に信じていたという。そして、本や羊皮紙の文字を真夜中過ぎまで読めるような、できるだけ高い暗視視力を手に入れるため、毎晩コウモリの血を顔にすり込んでいたらしい。おそらく彼は、著書『De animalibus（動物について）』を書く際、この技を用いたのだろう。中世では普通のことながら、その著作の「動物」にはドラゴンやユニコーンも含まれていたのだけれども――。

夜の感覚

草地や森に闇が迫ると、トガリネズミやハリネズミが食べ物を探しに出かける。それらはにおいを嗅ぎ、しばらく止まってから、ゆっくりと歩き出す。ハツカネズミやハタネズミも食べ物を集めながら駆けていく。ネズミたちは、陰に潜んで獲物を襲うタイミングを見計らっているフクロウに監視されている。フクロウの音のない羽ばたきは夜の荒野では不気味な感じさえする。世界のおよそ200種のフクロウのうち、大多数が完全に暗闇の生き物だ。通常は一匹で暮らすフクロウは、早春に営巣する。その時期には、日没時や夜明け直前の最も気温の低い時間帯に特徴的な声で鳴くのが聞こえるだろう。山のフクロウの物寂しい歌は夜の早い時間に平野に響き渡り、ミミズクの早く繰り返す声は真夜中頃に聞こえる。メスとオスは子どもが成長するまでの間はともに暮らすが、その後は別々の道を歩み、孤独な生活に戻る。

農耕社会では、フクロウは農地の味方であった。毎晩、農場で飼われているネコとともに、フクロウはハタネズミ、ハツカネズミ、若いドブネズミを穀物や食料庫から遠ざけてくれた。このようなげっ歯類は、フクロウたちがいなければ急速に繁殖してしまう。フクロウはまた、暗闇でも道がわかることから、神秘主義や知恵と結びつけられることも多かった。ギリシャ神話で知恵の女神とされるアテーナーは、フクロウと一緒に描かれる。しかし、フクロウが暗闇、およびそのなかのあらゆる未知なるものと関係が深いことは、迷信に取り囲まれているという意味にもなる。かつて、特にモリフクロウの悲しげな叫び声は、悪いことの前兆や死の先触れと考えられていた。

フクロウの大きな目は、近くのものを細かいところまで見るのには向いていない。だが、フクロウは光感応性の桿体細胞がぎっしり詰まった網膜で、きわめて弱いたそがれ時の散乱した光線をしっかりととらえられる。夜間、フクロウは人間の100倍もの視力があるのだ。フクロウは獲物の手がかりとなる音を探って聞く際、頭を270度回すことができる。そしてメンフクロウのような夜行性のフクロウのほとんどは、頭全体がパラボラアンテナのような形状になっており、獲物がたてるどんなかすかな物音も聞き漏らさない。左右で耳の形が異なるため、フクロウはどの方向から音が来ているか、はっきりと認識できるのだ。左右の耳に入るタイミングのマイクロ秒単位の違いから、いかにかすかな物音でも最大限の精確さをもってその出所を突き止められる。

神話に影響を与えたもう一種の夜行性の鳥は、ヨーロッパヨタカだ。ヨーロッパヨタカのブンブンという耳障りな長い鳴き声は、スウェーデンの夏の夜の伝統的な風物詩だ。遠くからだと、まるで自動車が走る音のように聞こえるが、近づくと、その奇妙な一音一音の音色の違いがわかる。暗闇のなかでライトを使ったときにヨーロッパヨタカの目を見ると、ルビーのように赤く輝く大きな目で見つめ返してくる。その目に備わった反射膜である輝板によって、ヨーロッパヨタカは夜でもものがよく見えるのだ。ヨタカの属名「Caprimulgus」は直訳すると「ヤギの乳を搾るもの」であり、これはヨタカがヤギの乳を搾って害をなし、最終的にヤギを盲目にしてしまうという古い迷信にちなんでいる。ヨタカは自分たちの夜の視力を手に入れるために、ほかの動物から視力を奪う必要があったと考えられていたのだろうか。
秋になるとヨタカは、北欧のほかの夏の渡り鳥と同じく、南へ移住する。ヨタカはその際、月の満ち欠けにきっちりと従って動く。満月が輝くときには、その夜の光で昆虫をつかまえるのが楽になるため、食料補給をするために旅を休止する。月明かりが弱くなるにつれ、ヨタカは次の休憩までの間隔を長くして、より長距離を飛ぶようになる。

スリランカでは、フクロウはコウモリの配偶者だと言われていたし、ある古いスウェーデン語の方言では、ヨタカとコウモリに同じ名が当てられていた。これら3種はどれも夜に飛行する動物であり、1600年代までは、コウモリも鳥類だと考えられていた。けれども、暗闇で周囲の様子を把握するために、ヨタカはその高い視力に頼っているのに対し、フクロウは視力と聴力の両方に頼っており、コウモリは第六感とも言える反響定位に頼っているのである。

18世紀、一部の動物学者は、コウモリの翼には特に敏感な肌があり、それで自らの行く方向を感じているから、暗闇でも迷わないのだと信じていた。ところが1793年に、イタリア人のラザロ・スパランツァーニ（1729～1799年）がスイス人のシャルル・ジュリーヌ（1751～1819年）とともに、コウモリの秘密のナビゲーション装置はその耳であると提唱した。彼らは目隠しをつけたコウモリと耳栓をつけたコウモリをそれぞれ用意し、暗闇のなかで障害物を避けられるのは目隠しをつけたもののみであることを確認したのだ。目隠しをつけたコウモリは、聴覚を無効にされたコウモリと違って、昆虫をつかまえることもできた。スパランツァーニとジュリーヌの実験の記録は、2人が交わした何通もの手紙として保存されているが、「Trattato de' Pipistrelli（コウモリ論）」と題されたスパランツァーニの論文はなぜか完成せず、出版には至らなかった。それでもスパランツァーニは、とりわけウナギの夜間の活動についての詳細な観察と研究によって、科学界では広く名が知れていた。彼はまた、E・T・A・ホフマン（1776〜1822年）の短編ホラー小説『砂男』に登場する、女性のロボットを作って若者を狂気に陥れる科学者のモデルになったと言われている。

コウモリが聴覚によって位置を把握していることが研究者によって確認され、スパランツァーニとジュリーヌが正しかったとわかったのは、1938年になってからだった。当時ハーバード大学の学生だったドナルド・グリフィン（1915〜2003年）は、コウモリが人間に知覚できない高周波の音を利用しているという仮説を読んだ。こうした考え方は第一次世界大戦後、防衛産業が音の反響を処理するソナーの技術を実験するなかで提唱されていた。しかし、コウモリについてのこの仮説は検証されたことがなかった。グリフィンはそこで、人間が聞き取れるよりも高い周波数の音を検出する超音波検出器を開発していた物理学者に連絡をとった。

グリフィンは同僚と何匹かのコウモリとともに物理学の実験室に入った。すぐに、史上初めて彼らはコウモリの出す音を聞くことができた。そして「反響定位」という概念が生まれた。

グリフィンは2003年に亡くなったが、晩年も研究をおこなっていた。亡くなる前年、ハロウィンの時期に毎年開催される北米コウモリ学会にグリフィンは参加していた。その年の学会はバーモント州バーリントンで開かれ、グリフィンが講演したとき、講堂は満員だった。彼はまさにコウモリ界のチャールズ・ダーウィンと呼べるほどの大家だった。グリフィンの講演の後では、私がコウモリの視覚について話すのを聞きたい人がいるとは思えなかった。私は刊行予定の博士論文の要約を15分にまとめて発表することになっていたのだ。(その内容は、反響定位の存在やその他いろいろな理由でコウモリは目が見えないと誤解されがちだが、決して目が見えないわけではない! というものだった)。しかしグリフィンは一番前の列に座り、自身の革新的な発見から64年が経ったのちも、コウモリに関心を持ち続けている様子だった。

バイオソナー、あるいは反響定位とは、音とその反響を利用して、さまざまな物体を発見し、位置を特定することである。物体にはね返って送信者に戻ってくる音波からは、物体の距離、大きさ、動き、速さといった情報が得られる。波長が短いほど、つまり、音が高いほど、その音波は小さな物体を共鳴させることができる。私たち人間の声は谷で山びこを作り出せるが、コウモリは小さな昆虫を反響させられるというわけだ。そのため、完全な暗闇のなかでもコウモリは獲物をつかまえることができる。

位置の把握と食べ物の捜索に音を利用し、空を飛ぶ――この組み合わせのおかげで、コウモリは種《しゅ》として成功できた。だが、音を利用するのはコウモリだけではない。より低周波ではあるが、クジラも同じ技を使うし、洞窟に住むアブラヨタカもそうだ。トガリネズミの耳も、コウモリと同じく超音波を知覚できる。そのため、いま挙げた動物たちはみんな、濁った水のなか、深い森のなか、洞窟のなか、夜空の下などの違いはあれど、暗闇で周囲の様子がわかるのだ。反響定位と空を飛ぶ能力は、およそ6000～7000万年前の先史時代の森で、同時進行で発達した。最終的にコウモリは、天敵のすばやい鳥がいない夜に、夜行性の昆虫を狩るエキスパートになった。夜と暗闇は、コウモリが自然の敵から避難できるような生態的地位となったのである。

たそがれ時の動物たち

理性が眠るとき、怪物が目覚める。机に突っ伏して眠る男が描かれたフランシスコ・デ・ゴヤ（1746～1828年）の有名な絵画は、夜が異質な世界であることを物語っている。その男の背後には暗闇や夢が、ネコやフクロウやコウモリの姿で現れる。それらは夜に愛された幻想であり、人々にインスピレーションを与えるとともに、恐怖の対象でもあった動物たちだ。

それに対して人間は、暗闇での活動に適応していない。暗闇のなかで私たちの感覚は無理をすることになるうえ、私たちの脳は感じた印象や経験した出来事を整理するために長い睡眠を要する。夜の闇がたちこめると、私たちは普通、眠くなり、活動をやめる。午後の遅い時間に、エクセルファイルを保存してオフィスの電気を消すと（あるいは電気を消さずに退勤するほうが一般的かもしれないが）、ある種のモードの切り替えが始まる。渋滞した自動車の列はゆっくりと街から出ていき、工事現場などにある作業車は静かになり、太陽の光線は赤く色を変える。街灯がちらつきながら点灯すると、もう夕方で、私たちはやがて夕食をとり、もしかするとソファで少しくつろぎ、その後は眠ることになる。夜に働く人にとってはその時間は1日の始まりで、一部のナイトハイカーも動き出すが、大部分の人は暗闇のなかではあまり活動的ではない。

昼間に活動的になることを好むという人間の習性は大多数の霊長類にも共通しているが、それ以外の哺乳類を合わせて見たら、私たちはかなり特殊なほうだ。世界に6000種近くいる哺乳類の多くは、夜明けやたそがれの薄暗い時間帯、そしてことによると夜中の時間帯を好む。地球の諸大陸が1つの大きな土地で、ヨーロッパが熱帯雨林で覆われていた時代からそうだった。恐竜が辺りを闊歩する間、初期の哺乳類は暗闇に守られて、よく発達した暗視視力や、周囲の様子を探るひげや、とても小さな物音にも警戒できる耳、そして夜のにおいに適合した嗅覚を利用して動き回っていた。暗闇に逃げ場を求めた動物たちは捕食者を避け、食料である夜の昆虫にありつくことができた。

哺乳類の多くはもともと小さく、木や低木のなか、もしくは落ち葉に守られた地面の上に住んでいた。それらは主に植物の種子、昆虫、その他の小さな動物を食べて生きながらえていた。太陽が沈みかかっているときにのみ、この動物たちは食べ物を求めて外に繰り出した。この原初の哺乳類から、肉食獣やクジラやコウモリなど、今日私たちが目にするあらゆる動物の遺伝子の基礎が進化した。そしてその動物たちは、陰で生まれたのだ。恐竜が絶滅したとき、その哺乳類が空いた生態的地位を引き継ぎ、拡散し、大きくなり、日の光のなかへも出ていくようになった。とはいえ、犬はいまも晩の湿った空気のなかのほうがにおいをたどりやすいし、道を横切るヘラジカ、森の端で目を光らせているテン、野原で狩りをするキツネに私が出会うのは、たそがれ時にコウモリを探して歩いているときだ。哺乳類の大部分にとってはいまだに、たそがれ時が最も活動的な時間帯だ。反対に、真昼の時間帯には最も不活発になる。日中に活動する様子が連想される特定の種類のリス、有蹄類、および大部分の肉食動物にも、特徴的な夜の感受性がいくつか残っている。

ネコを飼っている人は、真夜中に外に行きたがってニャーニャー鳴くネコに起こされることが珍しくない。ネコは家ではあまり動きたがらずだらだらしているかもしれないが、屋外ではいまも野性的だ。2013年、BBCでドキュメンタリー『密着！　ネコの毎日』が放映された。これは、イギリスの住宅地に住む50匹のネコの調査をもとにした番組だ。ネコにはそれぞれGPSと小型カメラが装着され、あらゆる動きが記録された。すると、すべてのネコはそれぞれ、これまで考えられていたよりも狭い、しっかりと範囲の決まった縄張りを持っていることがわかった。1つの場所を数匹で分け合っている場合もあり、そのネコたちは夜と昼に分かれ、それぞれ違う時間に巡回する。明確にたそがれ時に活動するネコもいれば、日中ずっと活動するネコもいる。そして、ほかのネコの縄張りに入って餌をくすねるのは日常茶飯事のようだ。泥棒の現場を押さえられると、必ず力による闘争が起こる。

弱い光でも撮影できる新しい夜用カメラのおかげで近年は、以前知られていたよりも多くの動物が夜に活動するとわかっている。たとえばチーターは、通常は日中に狩りをするが、平野では満月も利用し、日の光のもとで狩りをするのと同じくらい多くの獲物を仕留めている。

ゾウはサバンナの日中、最も活動的だ。だが時折、涼しくて快適な夜に、メスのリーダーは群れを水たまりへ連れていく。暗いときに動くのは、ライオンやハイエナなど夜行性の捕食者に有利だが、それにもかかわらず、いくつかのアフリカゾウの群れは近年、たそがれ時にますます活発になっている。その原因は、密猟者だ。夜の闇はゾウを密猟者から守ってくれる。そして、群れの最年長のメンバーは自然保護区の境界がどこか、どこが安全に移動できる場所で、どこが目立って人間に追われやすい場所かをしっかり認識していることがわかっている。辺りが闇に包まれているときにのみ、ゾウは2つの自然保護区の間を行き来するのだ。

世界中の砂漠地帯では、太陽光線が死を招くほど熱いので、あらゆる生き物にとって夜が聖域となっている。コウモリに花粉を運んでもらうことを期待して暗闇でのみ花を開くサボテンにとってもそうだ。マングースという動物は、サバンナに住むネコに似た肉食獣で、ディズニー映画『ライオン・キング』のティモンで有名なミーアキャットの近い親戚に当たる。マングースは昼に活動する哺乳類だとずっと考えられてきたが、2人の研究者が、マングースが夜に何をしているのかを従来より詳しく観察した。すると、驚くほどのことではないが、夜も比較的活発に動いていると判明した。数匹の個体は夜間に引っ越しをした。一匹は邪魔者を追い払い、もう一匹は別のエリアの穴をいろいろと調べていた。マングースは夜の間、横になって眠ることはなかった。自分で掘った穴のなかでも、外でも、動いていたのだ。

生き物は1日の光と闇の交替に合わせて進化してきた。そしてより多くの動物について研究が進むほど、昼と夜の両方がそれらの生態にとって等しく重要だとわかるのだ。ますます明るくなっていく世界では、1日の時間帯の境界が判然としなくなり、行動パターンが変わってしまう。これが動植物の生活においてどのような意味を持つか、私たちはまだほとんど何も知らない。

不自然な光の中で歌う

特に南半球で、夜の定番の音といえば、高周波で繰り返し鳴る、コオロギやカエルの鳴き声だ。その音に鎮静効果があると感じる人も多い。ほかの音をかき消して簡単に眠りにつきたい人のために、コオロギの鳴き声の録音なるものも存在する。だが、コオロギの鳴き声の周波数はまさに人間が聞き取れるぎりぎりの値なので、そのような音がとても不快に感じられる場合もある。

コオロギの鳴き声は、縄張りを示すことと交尾相手を探すことの両方の役割を持っている。オスはたいてい、そのセレナーデを夕べに奏でる。コオロギの歌は光から闇への移行とかなり密接に結びついており、光の強さが少しでも変わると、すぐに歌はやみ、交尾の儀式もおこなわれなくなってしまう。さらに、光が明るすぎると、コオロギの若虫、ニンフの成長が遅れる。昆虫は昼間の長さでいまが一年のどの時期なのかを知り、光の量に応じて成長のスピードを速めたり遅めたりするからだ。

コオロギの歌は異性のみならず、捕食者をも惹きつける。不自然な光のなかで歌うコオロギが、交尾の前に食べられてしまうリスクは著しく高い。これはほかの種類の昆虫にも共通する問題だ。夜が明けた後も照明や街灯の周りをうろついているガは、簡単につかまる獲物となる。鳥、ネズミ、トカゲ、ガマガエル、クモなどは、光のもとに集まって残っている昆虫をうまくとらえる。おあつらえ向きのビュッフェ状態だ。まだ辺りが暗いときであっても、街灯の周りをひらひらと飛ぶガは楽なターゲットだ。その時間帯の最大の敵はコウモリである。

イェーテボリ大学でコウモリを研究する小さなグループの研究者たちは、1990年代の末、イェーテボリに生息するガとコウモリの相互作用を調べた。そこでは、コウモリが出すのと同じような高周波の音を発する小さな超音波発生装置が使用され、その音で、ガ(蛾)にさまざまな反応をさせることができた。まるでリモコンで操っているかのように、夜の闇のなかで任意のガを地面にダイブさせたり、Uターンさせたり、宙返りさせたりできたのである。あるボタンを押せばガは羽ばたくのをやめ、別のボタンを押せば追手を混乱させるべく方向転換する、といった具合だ。コウモリが獲物を探して反響定位のための音を発するとき、130デシベルほどの音量が出る。そのため、高周波の音を聞き取れる動物は、狙われていても、コウモリの音を難なく聞くことができる。そのような防御本能が発達しているので、通常の場合、ガは腹を空かせた夜のハンターのよいカモにはならない。

ところが、街灯の下のガに対してこの超音波発生装置が用いられたとき、ガは耳が聞こえなくなったかのごとく、何の反応も示さなかった。まるで光によって聴覚が失われたかのようだ。辺りが明るいか暗いかによって、ガにとっての危険の種類は異なり、それに応じた反応も異なる。主な脅威は、日中は鳥、夜間はコウモリである。1998年に科学雑誌『Animal Behavior』で最初に発表されたこの研究結果は、光害の研究という新たな領域で資料として大いに使えるため、近年たくさんの引用がされている。

夜行性の昆虫の目はとりわけ緑と青の光、および紫外線によく反応する。そして何よりもこの色を含む光が、昆虫たちをその光のもとに駆り立てる。そのため、現在の道路で最も一般的に使用されるオレンジの街灯は、紫のスペクトルの光を大量に発していた一昔前の白色灯（水銀灯）よりも惹きつける昆虫が少ない。街灯1本あたり、50ヤード（約45メートル）の範囲で採取される昆虫の群れの数は、いまでは昔より少なくなっている。だがそれと引き換えに、人工の光の数は多くなっている。

さらに、今日ではさまざまな波長のさまざまな種類の照明が過剰に存在し、それらが昆虫にとってのさまざまな誘引力を放っている。標準的な街灯は約20ヤード（約18メートル）の範囲の昆虫を惹きつける（50ヤード〈約45メートル〉にのぼることもある）。街灯の間隔がそれより狭いとすると、光源に誘惑されずに昆虫が道路を渡るのはとても難しい。つまり、どんなに小さな歩道であっても、あらゆる道が壁のような役割を果たすことになる。

昆虫がある程度は無視するという琥珀色や赤色の光のみを使ったとしても、あるいは、昆虫の方向感覚を損ねないようにスペクトルがしっかり調整された照明を設計したとしても、人工の光を大量に使えば、光を常に空へと漏らしている状態になる。さえぎるものがない照明は、本来照らすべき歩道よりも、大気に向かってより多くの光とエネルギーを放射する。このむだは、英語で「スカイグロー」と呼ばれる、乱反射した光の幕となる。曇った日の晩、その光が地上にはね返ってくるとき、このスカイグローは黄色いドームとなって私たちの街を覆い、夜空を完全にわからなくしてしまう。このような光によって、昆虫にはまた別の問題が引き起こされる。

満月の光は十分に明るいので、ある種の昆虫は満月のとき、地上でおとなしくしていようと思う。さもなければ簡単に天敵に食べられてしまうからだ。月明かりの下を飛んで命を危険にさらすよりは、もっと暗い夜が来るのを待つ。通常なら、これは何の問題もない。当たり前だが、月は静かに満ち欠けて、やがて空に暗闇が戻ってくるからだ。月の位相は予測可能な形で循環し、それが生物時計を動かし調整する自然のサイクルの1つを作っている。欠けている月に雲がかかっているときなどには、昆虫が夜の飛行をおこなう場合もある。しかし、ずっと人工的に明るくされている空は、私たち人間の目にはそれが暗く見えようとも、満月が常に出ている状態に等しいし、それよりも明るいこともよくある。そのような空の下では、雲も意味をなさない。それどころか、雲がその光を地上にはね返してしまうのだ。

自然のランタン

動物や昆虫の模様や警戒色は、カモフラージュや威嚇をしたり、欺いたり、惹きつけたり、自分が毒を持っていることを伝えたりする役割を果たす。それは何百万年もの進化の過程で、1日の特定の時間帯に最も効果を発揮するように発達した。光源を点灯すると、色はそれまでとは異なる反射をし、模様はゆがみ、構成が曖昧になる。私たちが使用するさまざまな照明はどれも、庭の飾りのライトから玄関灯まで、それぞれ違った方向、色合い、波長で光る。その照明が夜に照らすものが何であれ、さまざまな種類の輝きを作り出す。ある照明では色のコントラストが強化され、別の照明では弱まる。生き物は暗闇に身を隠していられず、突然、完全に見えるようになる。交尾のパートナーを惹きつける代わりに、捕食者に発見されるかもしれない。

反対に、たそがれ時に自分の姿が周囲から見えるように手を尽くすガもいて、それが毎年繰り返される壮大な光景を生み出している。スウェーデンに生息するコウモリガは、大きな白色のガで、音を聞くことができない。コウモリガは6月の夜、霧が小川から墓地へとゆっくり漂っていき、ヤマシギがその晩最後の巡回をする頃、薄暗く色あせた暗闇のなか、刈り取られていない牧草地を飛んでいく。牧草地でコウモリガは、見えないエレベーターを使っているような動きを静かにする。上に行き、下に行き、上に行き、下に行き——それを規則的に、疲れを見せずに繰り返すのだ。牧草地はいつの間にか、上下する白銀色のガの海となる。それらはみんな、メスを見つけようとするオスである。コウモリガの交尾のダンスは毎年、同じ場所で同じ時期におこなわれる。そのとき、ガの白い羽は、だんだん弱まる夕方の光のなかの深緑色の牧草をバックに、くっきりと浮かび上がって見える。

ところが、このときコウモリガは危ない橋を渡っている。やがて一匹のキタクビワコウモリが、見回っていた地上約4ヤード（約3・6メートル）の高さから降りてきて、優雅にUターンをし、牧草のてっぺんすぐのところでガをつかまえる。私は数回、コウモリガが次の世代を産むためにする戯れるようなダンスと、キタクビワコウモリが木の陰を利用して揺れる牧草の高さまで急降下する様子の両方を目撃したことがある。およそ45分後、すべてが突然止まる。牧草地の白銀色の波は引き、コウモリたちは別の場所へ移動し、フクロウが鳴くと、この夕刻のショーは終わりだ。夏のたそがれ時は過ぎ去り、すぐに短い夜がやってくる。そしてまた曙光が昇り始める。

ここ数年、私はただ一匹のコウモリガが、生い茂る草に覆われた水路のところで、夏の夜の見えないエレベーターに乗っているのを目撃したが、それを除いては、夕刻に田園地帯でガがダンスをする光景をしばらく見ていない。人工の光によってたそがれ時が追いやられ、大規模農業が主流になったため、古い牧草地は草が伸び放題になっている。そしてコウモリガの個体数は減っている。

コウモリガが飛ぶのは、自然の光が最もよく白い羽に反射する時間帯だということがわかっている。そのようにして、オスはメスの注目を得るのだ。人工の光のもとでは、ガの羽の明るい色と夕刻の空のコントラストが消されてしまい、交尾のダンスは文字通りぼんやりとする。スウェーデンのコウモリガが受けるこのような影響について、正式な研究はない。だが、同じく暗闇のなかに現れ、華々しい合図を発するほかの種《しゅ》が同様の影響を受けていることはわかっている。その顕著な例はツチボタル（Lampyris noctiluca：ヨーロッパツチボタル）だ。

この昆虫には発光器が備わっており、スウェーデンなどでは夏に、牧草地や開けた場所で黄緑色に輝く。メスには羽がなく、少しイモムシに似ているので、英語では「グローワーム（glowworm：輝くイモムシ）」と間違って名づけられた。たそがれ時に、ツチボタルのメスは葉の陰から出てきて、光る尻を空のほうに向けて待つ。やがて、夜に光る小さなダイオードのようなその光に魅せられて、オスが飛んでくる。オスも光るが、その光は弱く、メスのような蛍光色ではない。

「ツチボタル」（後述の通り、ヨーロッパツチボタルとは異なる）が大量に現れ、観光名所になっている地域もある。その一例が、ニュージーランドのワイトモだ。そこには毎年50万人の訪問客が迷路のような洞窟に詰めかけ、天井の超自然的な輝きに迎えられる。何百匹、何千匹というツチボタルが青みを帯びた光を放つ様子は、まるでさざ波が立つ海に映る月のようだ。このツチボタルは北欧に生息するものとは違う種だ。ワイトモにいるのはヒカリキノコバエの幼虫であり、春の間近に孵化した後、糸を吐いて小さな巣を作る。何千というこの巣の1つ1つからおよそ20本の長い糸が垂れ下がっている。それは粘液の滴に覆われ、あらゆる角度からの光を反射し、洞窟の天井に脈打つ神秘的なカーペットを敷いたかのようになっている。この糸は、幼虫に備わった発光器に引き寄せられた羽虫などの小さな昆虫をとらえる。クモと同じように獲物をとらえる糸の罠を作るので、この幼虫は「スパイダーワーム」と呼ばれることもある。成虫も発光する。その理由ははっきりしていないが、交尾に関係すると考えられる。交尾が、成虫の唯一のタスクなのだ。パートナーを見つけ、メスが洞窟の壁に卵を産みつけると、成虫は死に、次の世代の光り輝く幼虫のために場所を譲ることになる。

オーストラリアのタスマニア州にある別の洞窟にも、同じ種類の発光する生き物がいる。その輝きは国内外からの観光客を惹きつける魅力を持っている。明るい環境下だと、この幼虫の光は弱まるようで、観光業界は人工の光を完全に避けるために最善を尽くしている。さらに、虫の光はできるだけ暗さに目が慣れている状態のほうがよく見える。私はニュージーランドの森で夜明け前に、薮のなかの何千というツチボタルの光のみを頼りに歩いたことがある。それはまるで、光を吐くドラゴンが目覚めたかのような様子だった。その光はとても明るかったので、3マイル（約4・8キロメートル）の遊歩道を歩く間、懐中電灯をつける必要はなかった。だが商業的な要素が絡むと、人工の光が必要になる。タスマニアの洞窟では、客の足元を照らす照明の影響が研究された。昆虫たちはうまく慣れるようだった。照明の点灯時間が長くなく、点灯の頻度が高くないならば、昆虫の光はすぐに戻り、自然のリズムが続くようだ。だがそれは、もともととても暗く、照明の効果がすぐ消えるような洞窟に住むヒカリキノコバエの幼虫に限った話だ。開けた野外で草の葉に登る甲虫であるヨーロッパのツチボタルにとっては、状況はもっと悪い。その虫の光が灯るのは日没後で、光が最も強い効果を発揮するのは夜明けのほんの少し前の、まだ暗闇が深い時間帯である。

イングランドでは、ツチボタルが見つかる場所の報告が、この感動的な生き物の減少が叫ばれた1990年から公に出されている。当初は発見される場所の数が増えていたが、いまではよくない傾向が見られる。ツチボタルは確かに減っているのだ。いま現在見つかるのは、主に都市の明かりから離れた自然保護区域や田園地方においてである。

メスのツチボタルは昼間は隠れ場所で待ち、たそがれ時の早い段階で発光する。人工的に照らされた空の下では、体内時計が交尾への欲求をかき立ててはいるものの、メスの光は消えたままになってしまう。草の葉によじ登って発光したとしても、見えないだろう。メスが発する合図は周囲のあらゆる光にかき消されてしまう。満月と同等の明るさしかなくても、オスの知覚は鈍くなるのだ。また、オスは大規模なメスの集団を見つけようと、遠くで輝く別の光のほうへ飛んでいってしまうかもしれない。そして遠くまで来たはいいものの、窓や車や街灯の光にだまされただけだと判明するのだ。

ツチボタルの緑の光とは違い、ホタルの光は黄色が強い。ホタルは主にもっと温暖な地域で見られ、その黄色、琥珀色、オレンジ、緑などの光で、モールス信号のごとくコミュニケーションをとっている。中国の神話では、ホタルは平原の草が燃えるときに現れる。日本では、亡くなった人の魂を象徴している。ホタルは私たちを魅了する。世界各地で、子どもたちが瓶にホタルを集めて夜にライト代わりに使ったという話がある。だが今日では、そのような話のほとんどは孫世代に祖父母が語る昔話にすぎない。

ツチボタルと同じく、ホタルの英語名「ファイアフライ（firefly：火のハエ）」もミスリーディングだ。ホタルも甲虫であり、〝ツチボタル〟（ヨーロッパのもの）と〝ホタル〟は、メスが飛ばずに光り、オスが飛ぶ、同種の甲虫の別名である場合もある。交尾のダンスをするオスが発光すると、メスも光を返してそれに応える。すると二匹は一緒になり、確認の儀式として同時に発光する。その光は暗闇で食べ物を狩る際の道しるべや、自分に毒があることを示して捕食者を恐れさせるためにも使われる。ホタルの群れ全体が、暗い熱帯の夜に脈打つ制御盤のように一斉に光る地域もある。その一例はマングローブが生えるフィリピンの湿地だ。メスはマングローブに止まって黄緑色に光り、オスは木の上を飛びながら、光を返す——これが一斉におこなわれ、さながらこの世のものとは思えないクリスマスのショーのようだ。この世から去っていく魂とホタルを結びつけた神話ができたり、道に迷った旅人をホタルが導くという話があったりするのも不思議ではない。

光の春

アメリカ合衆国の作家・水産生物学者のレイチェル・カーソン（1907～1964年）は、初期の環境保護運動における主要な人物だ。彼女の1962年の著書『沈黙の春』は、殺虫剤のDDTが広範囲で使用されていた当時の状況を批判し、私たちがいま目にしているような、昆虫の大量死を予言してもいる。昆虫がいなければ、鳥もいなくなり、その歌も聞こえなくなる。『沈黙の春』が描いたのは、不毛になった生態系のディストピア的な静けさにほかならない。1969年、スウェーデンが最初にDDTを禁止し、世界各国もそれに続いた。こうして、沈黙の春は回避できたけれども、昆虫を食べる鳥は、獲物の昆虫の減少に連動して減っている。他方で、とりわけ都市で食べ物を見つけられる雑食性の鳥に関しては、状況は改善している。

その都市部の鳥の一例が、美しい旋律をトリルで歌うことが特徴の、ヨーロッパ産のクロウタドリだ。スウェーデンの国鳥である。この鳥はかつては、深くて暗い森を好む鳥として知られていた。やや臆病で、じめじめして日の当たらないところに生えた茂みのなかに住み、歌を歌っていた。その黒い羽毛は、地上で食べ物を探す際に森の群葉に溶け込む。小枝や葉の間にいれば、正確な場所はわからない。だが、19世紀に産業化が進むと同時に、クロウタドリは都市の一部となった。冬に渡りをおこなうクロウタドリは次第に少なくなり、とどまる個体は秋が深まるまでますます大声で歌うようになった。現在の騒々しい都市では、交通の往来の音にかき消されないよう、さらに大声で歌っている。

中世からの歴史を持つ都市、ドイツのライプツィヒでは、クロウタドリの行動を研究するチームが夕刻に観察をおこなった。研究者たちがとりわけ知りたかったのは、日没後どれくらいの時間、クロウタドリが狩りや食事をするかということで、森や公園に住むものと中心街に住むものの結果の比較も計画された。すると、街の明かりが明るければ明るいほど、クロウタドリは夜遅くまで活動するとわかった。これは人間に似ている。そしてその差は、春の始まりの時期に特にはっきりと現れた。

フィールドでコウモリの調査をした帰り道に私は、早朝に歌い出すはずの鳥が、夜明けよりずっと前の午前2時頃にはすでに起きているのを耳にすることがある。特に春、繁殖のために縄張りを作る時期には、満月と同程度の明るさの光があれば、歌い出す鳥もいる。早起きをするオスは、ずっと歌い続けることで、メスを感心させられる可能性が高くなるのだ。

ライプツィヒから220マイル（約350キロメートル）強のところにあるミュンヘンでは、クロウタドリが1日にどのくらいの光にさらされるかが調査された。鳥たちには、1日に当たる光を記録してチップに情報を保存するデバイスが取りつけられた。その結果、都会のクロウタドリは夜間、平均して森に住むクロウタドリの1000倍超の光にさらされることがわかった。森のクロウタドリは、曇った秋の夜と同程度のレベルの光で暮らしているのに対し、都会のクロウタドリは最低でも満月レベルの光を常に浴びているようだ。さらに、都会のものは夜間でも昼間と同じレベルの光に1時間近くさらされているという。

2019年、とりわけストックホルム近郊で、秋でも歌うクロウタドリがこれまでにないほど多くなったと報告された。都市の光と11月にしては温暖な気候が組み合わさって、クロウタドリは春が来たと錯覚したようだ。冬に聞こえる、静かなうなり声のような通常の暗い鳴き声に代わって、交尾の時期のトリルのような歌が11月の闇のなかで突然響いた。これを聞いた人々の多くは動揺した。それもそのはずだ。クロウタドリの歌は子ども時代から私たちの心に刻まれており、春と密接に結びついているため、クロウタドリが歌うと、春の気分が私たちにも伝染する。そのため、街の店先でクリスマスソングが流れているときにクロウタドリの歌が聞こえるのは、直観的におかしいと感じられるのだ。

街に住む鳥の習性は、森に住んでいる同種の仲間に比べて、本来の季節より早く始まり、遅く終わるようになる。都市の鳥は繁殖期間が長くなり、歌ったり、仲間と交流したり、食べ物を探したりするのにより多くの時間を使うようになる。性的成熟も早くなるため、一部の都市では、鳥が子育てできる期間はほぼ1カ月長くなり、ワンシーズンに雛が数回生まれる場合もある。（人工的な）昼の時間が延びたことに加え、都市は暖かくなっており、天敵が減っている場合もよくある。だが、都市の鳥がより快適に暮らしているとは限らない。というのも、昼が長くなったことは、長期的には身体にとって利益にならないようだからだ。

理由の1つは、鳥のホルモンのシステムが影響を受けていることだ。冬に少なかった日光が春に再び戻ってくると、鳥たちは交尾の欲求を抱き、歌を歌い、生殖細胞が生成されると考えられている。冬の長い夜の後に日が長くなり気温が上がると、卵が産まれる。そして、昆虫が活発になり夏のバイキングの準備が整うと、雛が孵るようになっている。特に光によく反応する脳の視床下部と松果体にある受容体が、常に生物時計を調整し、次の世代の鳥が生き残れる最適な状態にする。ところが、誤解させるような光があり、春の到来と夜の長さがはっきりしなくなると、鳥は間違ったタイミングで性的に成熟する。運がよければその鳥たちは競争で有利になるが、運が悪ければオスとメスのタイミングが合わず、食べ物がない時期に卵が孵り、体のシステムがストレスを受ける。フロリダ州でおこなわれた調査では、黄熱病やC型肝炎とも関連するウイルス性の病気、西ナイル熱にかかったスズメは、その間人工の光にさらされていた場合、平均して2日間治るのが遅いと判明した。つまり、都市の照明は鳥の免疫システムを阻害し、ウイルスが人間に感染するリスクも高めるのだ。

コウモリやシカのように、交尾が秋におこなわれる場合、その動物は真冬に子どもを産もうとはしない。そのため、メスのコウモリは、春の気候が卵子を受精させても大丈夫だと告げるまで、精子を体内で保存する。この能力があると、エネルギーに余裕があれば、冬でも交尾が可能になる。シカはというと、メスの卵子はすぐに受精するが、胎児の成長は年が明けるまでは始まらず、子どもが未熟な状態で産まれることもない。これらの例のような適応は複数の要因で起こっているが、なかでも日の長さという要素はパズルの重要なピースである。

オーストラリアの南西部には、小さなカンガルーに似たダマヤブワラビーという動物が生息している。ワラビーのメスは夏至から6週間後に子どもを産む。そうすることで、そのメスは最大限に豊富な食料にありつけ、子どもが最も必要とする時期にできるだけたくさんの母乳を作り出せるからだ。日の光の長さの変化は、カレンダーのように、このプロセスをいつ始めたらよいかという合図になっている。ところが、オーストラリア本土から離れたガーデン島に生息するダマヤブワラビーは、子どもが通常より1カ月も遅れて産まれるようになっている。その原因は、ワラビーの生息地にスポットライトを当てる海軍基地が近くにあることだと判明した。人工の光が、夕空のカレンダーを汚染し、自然の変化を不明瞭にしたのである。ホルモンのシステムは混乱して、交尾・出産・成長と、すべてを遅らせてしまった。その結果、ガーデン島のワラビーはその季節の食べ物がすでになくなりかける頃まで生まれてこなくなった。ここでも、人間が作り出した光が自然に混乱をもたらしたのだ。

星のコンパス

スウェーデンでは、食べ物が最も豊富な時期である夏、信じられないほどの多種多様な鳥が見られる。ところが、暗闇が着々と戻ってきて、気温が下がると、多数の鳥が南へと向かう。極地の夏の、常に光がある白夜から、熱帯の、光と闇が周期的に入れ替わる環境へと移住するのだ。地球上のどこでも、鳥は冬と夏で、あるいは雨季と乾季で住む場所を変え、食べ物がある場所に営巣する。渡り鳥のなかにはキョクアジサシのように、年間2万5000マイル（約4万キロメートル）もの距離を移動するものもいる。これは地球一周分に相当する。

毎年同じ場所へ渡るため、鳥たちは並外れた地形の記憶能力や、太陽から進路を割り出す能力など、多くのツールを持ち合わせている。また、鳥は地球の磁場を感じ、自分が南北のどの位置にいるかを見極められる。体内にコンパスを有しているのだ。その仕組みの解明は、長らく研究の課題となっている。磁力を持つ磁鉄鉱という物質のかけらが鳥の体内から見つかっており、それで部分的には説明できるかもしれないが、鳥が実際には目を使っていると示唆する事例も多く判明している。網膜の端に沿った輪のなかには、特にブルーライト（青色光の光線）を受容するたんぱく質であるクリプトクロムがある。クリプトクロムは動物にも植物にも見られ、とりわけ概日リズムの管理を助ける。だが、ある種のクリプトクロムは磁場に反応することもわかっている。もしかすると、鳥などの動物には、単に地球の磁場が「見えて」いるのかもしれない。

ある場所から数百マイル（数百キロメートル）離れた場所に渡り、毎年迷わず戻ってくるために、鳥たちは夜の手がかりも利用する。特に小さな鳥にとっては、夜間に渡りをおこなうのは普通のことだ。渡り鳥の3分の2が、夜に長距離の移動をおこなうと推定されている。1950年代、鳥類学者のエレノア・ザウアー（生没年不詳）とフランツ・ザウアー（1925～1979年）夫妻はガラスの檻を作り、夜間、交替でそのなかに座って観察をおこなった。檻にはムシクイ類の鳥を入れていたが、それらは渡りの時期になると、明らかに夜の空に飛び立ちたいという素振りを見せた。星が出た夜には、鳥たちは一方向にどっと押し寄せたが、曇った晩にはどこかおとなしく、飛び立ちたいという様子をそれほどはっきりと見せなかった。鳥が星を頼りに進路を決めているという仮説を確かめるため、ザウアー夫妻は天井に開けた穴の1つ1つを星に見立てたプラネタリウムを作り、ムシクイ類の鳥をそこに移した。星空を映すプラネタリウムは、つけたり消したり、回転させたりできた。通常と同じく、紺色に塗られた天井に星が明るく輝いている場合、ムシクイ類の鳥たちはどれも、毎晩同じ方向へ向かった。だが、星空の光が消されると、鳥の群れは混乱し、飛び立ったとしても微妙にずれた方向へ向かうのだった。飛び立たず、羽づくろいをして、天気が回復するのを待っていると思われる個体もいた。最も興味深い発見は、プラネタリウムの星空を回転させただけで、鳥たちの向かう方向が変わったことだった。明らかに鳥は星空を読み取り、その模様に合わせて動いていた。ただ、その仕組みはわからなかった。

北半球に住む人のほとんどが肉眼で確認できる星といえば、北極星だろう。地球から約400光年離れたこの星は、北の空にはっきりと見え、常に変わる空において不変の道しるべとなっている。夜が進むにつれ、北極星の周囲を、北斗七星を筆頭に、星空全体がゆっくりと反時計回りに回る。北極星は天極、すなわち天球における北極のようなポジションだ。天極を軸に星空が回転するという現象は、どの時代も船乗りの道しるべとなってきたし、おそらく鳥も、ずっとこれを利用してきたのだろう。もし本当にそうならばそれを証明したいと、スティーブン・T・エムリン（生年不詳）はザウアー夫妻がやめてしまったところから研究を始めた。エムリンが研究対象にしたのは、毎年北アメリカとカリブ海地域を往来する青くて美しいショウジョウコウカンチョウの仲間、ルリノジコだ。彼はルリノジコの足にインクをつけて、ある方向へ少しでも動けば紙に小さな足跡がつく装置を作った。そしてこの鳥の概日リズム、およびこの鳥がどのような空の景色を見るかを調べた。そうして作った人工の星空から星座の一部を慎重に取り除いてみたところ、ルリノジコが方角を定めるにあたっては、北極星と北斗七星が起点となることがわかった。

しかしエムリンはそこで終わらず、自作の夜空を北極星とは別の星を中心にして回転させることにした。彼は天極をベテルギウスに移した。これはオリオン座で赤く輝く巨大な明るい星で、ダグラス・アダムズ（1952〜2001年）の『銀河ヒッチハイク・ガイド』を読んだ人にはおなじみだろう。ベテルギウスはすべての水素を使い果たしたため、白ではなく赤色に輝き、超新星爆発を起こすと予想されている。それは今日かもしれないし、1000年後かもしれないが、起こったときには、昼間でも肉眼でその壮大な様子が見えることだろう。そうでなければ、ベテルギウスがオリオン座の肩のところに一番はっきり見えるのは12月の暗い空においてだ。エムリンのルリノジコが北極星ではなくベテルギウスを中心に回る星空を見たとき、本来なら北に向かうはずの旅を、ベテルギウスの方角に向かって始めようとした。いまが秋だとエムリンによって錯覚させられた別のグループのルリノジコは、ベテルギウスと正反対の方向へ飛ぼうとした。エムリンとザウアー夫妻の実験はこの50年間、さまざまな手法で繰り返し再現された。そこから、鳥は星空を学習し、天極に近いところにある星の配置を認識する能力を生得的に持っているらしいとわかっている。この星空の知識が、体内のコンパスとともに、地球を縦断する長い夜の旅において、正しい道を指し示すのだ。

晴れた空に月が輝き、何千という星が見えるときには、夜に旅をする鳥が高く飛ぶことはずっと知られていた。曇っていたり、雨が降っていたり、霧がかかっていたりする夜には、鳥は低く飛ぶが、その際、光や建物のせいで混乱してしまう危険が生じる。世界中で、鉄塔、タワー、灯台に鳥が衝突したという記録が数多くある。1968年には、5000羽もの鳥が(その大半はスズメ目だった)テネシー州ナッシュビルのテレビ塔に衝突したという有名な事件が起こっている。また、カナダ南部ロング・ポイントの灯台の下では、1960年から1969年にかけて7000羽もの死んだ鳥や負傷した鳥が見つかった。早くも1880年に北アメリカの灯台で死んだ鳥をまとめた資料が作られている。それによると、南海岸と東海岸沖の灯台(すなわち、ルイジアナ州、フロリダ州、ノースカロライナ州、サウスカロライナ州にある灯台)が最も危険だったが、そこは一部の鳥の最も重要な移動ルートと重なっていた。

催眠術のように鳥を引き寄せる光の性質は、世界各地の人々に、狩りの技として利用されてきた。20世紀初頭のインドの記録には、霧が濃く南風が吹く夜にランタンを灯すと、簡単に鳥をつかまえられると書かれている。現代のアフリカのサバンナでは、観光客がたそがれ時の鳥を見られるようにするため、移動式のスポットライトを使って鳥を引き寄せている。電球の発明で照明が飛躍的進歩を遂げる前の1883年、ダーウィンの友人で若き同僚だったジョージ・ロマネス（掃除機効果の章で取り上げた）は、鳥にとっての光の魅力を、ガにとっての光の魅力になぞらえて論じた。彼は、自然界では未知の現象であるろうそくの炎が、白い花など、鳥の先天的な好奇心を刺激するものと勘違いされるのではないかと考えた。彼はまた、漁師の間では大昔から知られているように、魚がボートに吊るされたランタンに寄ってくることも指摘している。昆虫であろうと、鳥であろうと、魚であろうと、すべての生物にとって暗闇は必要不可欠なのだ。

めまいのする都市

毎年9月11日、アートインスタレーション「トリビュート・イン・ライト（追悼の光）」が、ニューヨークの世界貿易センタービル跡地に灯される。このライトアップは、88のスポットライトが2本の青く輝く光の柱を作るものだ。晴れた夜には、この光は0・5マイル（約800メートル）の高さまで届き、ほかにも光が輝いているニューヨークという大都市にもかかわらず、10マイル（約16キロメートル）離れた場所からも見える。毎年おこなわれる、9・11事件の犠牲者を追悼するこの式典には何万人もの人々が訪れ、式典は高く評価されるが、この時期は渡り鳥がニューヨークを通過して移動する時期と重なってもいる。スポットライトは毎年、一夜だけしか点灯されないので、その光の作用を研究するにはおあつらえ向きだ。2010年から2017年にかけて、わずかに大気圏外までも届くこの光の柱に対する鳥の反応や、その周りを鳥がどのように飛行するかについて研究がおこなわれたところ、数々の奇妙な振る舞いが確認された。光が灯されてすぐに、鳥の大きな群れがその近くに集まり、カー鳴いたり歌ったりしながら円を描いて飛んだ。研究期間中にトリビュート・イン・ライトが点灯された7回の合計で、100万羽を超える鳥が集まったとみられる。ところが、ライトアップが消えるやいなや、群れはいなくなった。この研究からは、光が鳥に影響し、混乱を与えることがはっきりとわかる。

超高層ビルがアメリカ大陸全土に次々と立てられると同時に、光に惑わされる鳥の問題も増える一方であった。大都市の照明やスカイグローは、晴れた空でも星をよく見えなくし、鳥を通常の高度よりも低く飛ばせる。世界中で大都市圏が拡大し、その光がますます田舎に、および大気の高いところに進出していることを考えると、夜の空には十分な星が見えなくなり、鳥が位置を把握して進路を見出すのに適さない環境になりつつある。ひとたび、超高層ビルの碁盤目にとらわれると、鳥たちは混乱のもととなる照明や反射する窓、背の高い障害物でできた迷路に閉じ込められる。強い光は鳥に催眠術をかけるかのようで、混乱したガと同じく、光の柱に釘づけになってしまう鳥もいる。中心街の明かりは地平線から見える一筋の光と似ているため、鳥はそこまで戻ろうとしたり、正しい進路から完全に外れようとしたりする。その明かりはまた、鳥の自然な暗視視力を奪い、さらにはめまいを起こさせる可能性がある。その場合、鳥は目印を探して低く飛ばなければならない。

ユタ州のグレートソルト湖は、北アメリカで最も豊かな鳥の聖地だ。毎年、ここを通り抜ける鳥は何百万羽にも及ぶとされる。岸辺の鳥や海鳥、渉禽（サギやチドリなど、浅い水中を歩き餌を漁る鳥）、休憩するだけの鳥、ここで営巣するつがいなど、300を超える種類の鳥が、この塩湖と周辺の湿地で共存している。湖というよりは小さな内海であるが、このグレートソルト湖はスウェーデンのホーンボルガ湖の北米版といったところだ。湖の南東にはソルトレイクシティが栄えている。人口20万人で、北アメリカの都市としては小さいほうだが、2002年には冬季オリンピックの開催地にもなった。かつては重要な鉱業の拠点であり、迫害されたモルモン教徒の避難場所であったソルトレイクシティの都市部は、グレートソルト湖の東側に沿って、オグデンやローガンといった町のほうへ急速に拡大している。そして住宅地がある郊外と中心街から出る光が、塩分を含み栄養が豊富な湿地に反射し、空を淡いオレンジ色に染める。ソルトレイクシティの住民は、その光がこの地に栄える鳥たちの豊かな多様性にとって深刻な脅威となっていることを理解し始めている。2014年から、ソルトレイクシティの繁華街にある植物園兼鳥類の研究センターである「トレーシー・エヴィアリー」は、あらゆる年齢層の地域住民が、それぞれ決まったルートを通り、ソルトレイクシティの繁華街で朝に死んでいる鳥の数を数える。同センターはまた、装飾のための玄関照明や陰を全然作らない照明、派手すぎる照明などといった、「不必要な照明」のマップも作成している。

　トレーシー・エヴィアリーはさらに、ある住民運動を始めた。渡り鳥の移動の時期に庭の照明を消し、窓から漏れる光も抑えるという誓約に、住民たちの署名を募るというものだ。対象の時期は3月から5月と、8月から10月だ。運動の参加者は、光害を和らげるために積極的に行動するという宣言に署名する。すると、この運動に参加していることを示す、家の軒先に掲げる用の看板がもらえる。そこには黒地に白抜きで鳥が3羽描かれていて、背景には高層ビルとロッキー山脈の西端のワサッチ山脈がそびえている。遠くの山頂と、その下に広がる塩の堆積との間に見られる自然光のコントラストを、未来の世代のために守るには、広い範囲で夜の暗闇が保たれなければならない——トレーシー・エヴィアリーはそう訴えている。

偽物の夏

数年前のある晩秋の午後、私はスウェーデンの都市、イェーテボリを歩いていた。立ち並ぶカフェは秋の楽しさを演出し、コーヒーとパンで道行く人を誘っていた。ハロウィンの飾りが片づけられ、早くもクリスマスのキャンドルの台を設置している人々もここかしこに見られた。カフェに座って、ひざ掛けにくるまって熱いコーヒーで暖まり、少しまどろみたい気にもなったが、私はそのまま歩き続けた。多くの木の葉はすでに落ちていたが、カンバやカエデの紅葉はあちこちにあり、下からライトで照らされていた。ライトアップされた木々はまだ秋の装いをしたまま、輝きを保っていた。人間からすれば、それは美しい光景だ。だがこの時点で、何かがおかしいと思われた。

植物は、細胞の葉緑体のなかにある色素、葉緑素を使って太陽光をとらえる。緑の光が反射するので、葉はその色に見える。新たに生えた葉は明るい緑色をしていて、地面に向かう春の日差しを濾過する。芽吹くものはすべて、この段階から始まる。やがて、葉の色は濃くなり、夏に特徴的な緑色となる。光が弱まり、日が短くなる秋、葉緑素は消え、葉は火のように赤くなる。最終的に葉は落ち、木は冬の寒さに備える。温暖化する気候と同じく、照明の輝きも木を勘違いさせるので、葉が落ちるのが遅れ、晩秋になっても残っている場合がある。ヨーロッパの大陸部の植物学者たちは、街灯の隣にあるナナカマドやカエデの木が、似たような気候だが自然光のもとで育った同種の木に比べて丸3週間も長く葉を保持することを発見した。

春の始まりの時期には、人工の光が木の休眠を短くして目覚めを早め、未成熟な新芽を出させることがある。オークやブナといった大きな木は、街灯の光に当たると約1週間早く開花する。もっと小さな植物はさらに光に反応しやすく、冬のうちから新芽を出してしまうことがある。そのため、田舎の暗い森がまだ眠っているとき、都市部の植物は霜がほとんど消えないうちから夏の準備をすることになる。まるで、都会暮らしのストレスが植物界にも爪痕を残しているかのようだ。

どの植物にもそれぞれ、できるだけ多くの種子を作るため、花をつけるのに最適な時期というものがある。早く種をばらまき、競争相手よりも前に縄張りを広げることは利点になりうるが、春は油断ならない季節でもある。花冷えに襲われれば、新芽はすぐに傷ついてしまう。そのため、もう寒さは戻らないという、環境からの信頼できる合図が必要なのだ。春先の寒さの被害を受ける植物の一例は、リンゴの木だ。そのつぼみは春に霜が降りると凍ってしまう。リンゴ農家がこの現象に苦しめられる頻度は高くなっている。気温、日差しの長さ、光の細かい変化などを参考に、植物は正しいタイミングを計る。そのため、地球温暖化と人工の光が合わさると、植物の生態系に大きな悪影響を及ぼす。

光の波長による植物の反応の違いを最初に研究したのは、ロバート・ハント（１８０７〜１８８７年）だ。彼は物理学、化学、解剖学の教育を受けたが、作家、詩人、芸術家でもあった。前の時代の科学の先駆者たちの多くがそうだったように、ハントも多方面の活動をする人であり、芸術と知識の探求という二足のわらじを履いていた。ハントの人生は写真に大いに刺激された。若い頃にちょうどカメラが新技術として登場し、写真というメディアの可能性と力に気づいたのだ。彼は化学の知識を使って写真の現象を実験し、物理学の知識を使って光とその波長について研究した。

１８４０年代、ハントは光のさまざまなスペクトルが、それぞれ植物に違った作用をすることを発見した。日光のうち、波長の短い青や紫のスペクトルは通常、種の発芽の合図となる。対して、より波長の長い赤色の光は通常、開花をスタートさせる。だが植物のなかの何がこのプロセスをコントロールしているか判明したのは、フィトクロムという、さまざまな形の植物色素が発見された20世紀のことである。これらのたんぱく質は周囲の光によって異なる形をとる。光の質が変わると、フィトクロムは瞬時に形を変え、植物は光の波長や色の違いを知覚できる。

植物の反応のしかたは、それが生きる場所の状況によって異なる。光の質によってその特性も異なるが、植物は光の強さと色の両方に反応する。現代のLEDライトの多くは、ほとんど青に近い白色の光を出すが、これは長短の波長が混ざった朝日に似ている。街灯に使われるような従来の電球は黄色や琥珀色に光ることが多く、これはどちらかというと、長い波長が中心の、昼間の遅い時間の光に似ている。この光は、ある種の植物にとっては開花の促進よりも抑制として作用する場合がある。イングランドでは、研究者たちがコーンウォールの草地、とりわけそこに生えるミヤコグサの一種を調査した。この草は真夏に草地や荒れ地で特徴的な形の黄色い花を咲かせることで知られる。通常、ミヤコグサの花はアブラムシを惹きつける。しかし開花が遅れたり花が咲かなかったりすると、アブラムシの数が激減する。それはまた、クサカゲロウ、コバネヒタキ、テントウムシ、ハナアブほか、草地を飛び回り花の蜜やアブラムシを食料とする昆虫にも悪影響を及ぼす。ドミノ倒しのように、生態系全体が乱されているのだ。

実りのない夜

2017年9月、スウェーデンのヘルネサンドで、不思議な輝きが目撃された。UFOが着陸したのだろうか？　地元メディアは住民から写真や証言を手に入れた。だが、それはUFOではなかった。暗い晩に低くたちこめた雲が、新しくできた温室の光を反射していたのだ。私たち人間は、植物をだまし、私たちに都合がよいように操作することができる。24時間通して照明が灯っている温室はその一例だ。自然界の開花や播種のタイミングは私たちの都合には合わない場合がある。そのため、植物自身の必要ではなく、私たちの要求に従って、植物に当てる光の量を調節して、植物を私たちの思い通りに動かすのである。

毎年、私は母からポインセチアを贈られる。それはしばらくキッチンテーブルを彩ってくれるが、花が散った後にもう一度花を咲かせようと思う人はあまりいない。だが、ポインセチアの原産地メキシコでは、花はもっと長い期間咲く。それは日の長さ、いや実際には夜の長さで決まるのだ。ポインセチアはいわゆる短日植物に分類される。開花のためには、適切な気温に加えて、12時間ほどの連続した暗闇が必要だ。毎年クリスマスの時期に赤く色づくポインセチアを売ろうと思ったら、10月に準備をしなければならない。メキシコの夜空の下にいると錯覚するように調整された照明を当てて、温室で育てられるのだ。

ほとんどすべての植物にとって、暗闇はなくてはならないものだ。植物が持つ光感応性のフィトクロムは光と闇の移り変わりに反応するのであり、その植物が休眠するか成長するかを決定するのはたいてい、夜の長さなのだ。短日植物にとっては、暗闇はより重要だ。「長夜植物」と呼ぶほうが正確かもしれない。中断されずに光の影響から逃れられるように、その暗闇は連続していなければならない。進化の過程でその植物の遺伝子には、播種の機会と次の世代にその遺伝子を受け継ぐ機会を最大化するためのタイミングが刻み込まれたのだ。

この性質を、私たち人間はうまく利用している。クリスマスの開花時期の後もポインセチアをもう少しちゃんと世話したいと思うなら、それを1日13時間、暗いクローゼットのなかに入れておき、残りの11時間を明るい窓際に置いておくとよい。そうすれば、そのポインセチアは繰り返し花を咲かせるだろう。

短日植物の反対はもちろん、長日植物だ。一部の植物は、短い夜、すなわち短時間の連続する暗闇とそれに続く長時間の明るい昼間を必要とする。スウェーデンの典型的な夏はそのような組み合わせだ。世界中にある温室はこの性質を利用しており、1日中照明が点灯していることも珍しくない。ところが、地球温暖化と人工の光は植物の体内時計をリセットしてしまい、植物と送粉者、植物と草食動物、被食者と捕食者の間の関係を壊してしまう危険がある。気温がわずかに数度上がるだけで、あるいは、たそがれ時が少し遅くなるだけで、植物の開花と、その花を利用する動物のタイミングは合わなくなるかもしれない。

今日、ますます多くの植物が、昆虫によって授粉されなくなったり、花を咲かせなくなったりしている。あるスイスの研究チームは、アルプスのふもとで植物の送受粉について調査した。そこは比較的まだ人の手が入っておらず、夜には花咲く草地が山の斜面の陰に隠れて休息できる。毎晩300種ほどの昆虫がその広く湿った草地を訪れ、約60種の花の花粉を運ぶ。その植物の一例がキルシウム・オレラケウムだ。花粉と蜜が豊富な明るい色のこの花は、魅力的な香りと紫外線を反射するボール状の花で、遠くの昆虫も近くの昆虫も惹きつける。研究チームは10カ所の草地に分布する100本のキルシウム・オレラケウムを調べた。そのうちの半分は暗闇に置いたままにし、もう半分には現在の街頭で標準的に使用されている照明を当てた。その結果、光を当てられたほうに集まる昆虫は62%少なく、キルシウム・オレラケウムがつける実も少なくなった。送粉者（主にガである）は、その花の多くに近づかなくなり、文字通り、花は実を結ばなくなってしまったのだ。

海の花火

1990年代の8月のある週末、スウェーデンの西岸で、私は2人の友人と一緒に天然港にボートを停めた。この夜、すべては完璧に静かで、晩夏の暗闇は海面と夜の空気の境目を曖昧にしていた。水温は、気温と同じくらいだ。そのような雰囲気のなかでボートから海に飛び込むのは、まるで宇宙へ飛び込むように感じられた。だが私の記憶から離れないのは、私の体が水面を突き抜けると同時に光った青い花火だ。水中にいるミクロサイズの渦鞭毛虫類の一匹一匹が、体内の発光器を光らせる。そうして、暗く塩辛い海のなかで、私の動いた跡が光るのだった。

この現象は、スウェーデンでは晩夏から初秋の、海水が生ぬるい時期に見られ、英語では「シー・ファイア」と呼ばれている。渦鞭毛虫類の小さな閃光は、小さな甲殻類であるカイアシ類などの捕食者を追い払う。発光は触れられたときだけに限らず、においによっても起こる。また、その光はカイアシ類を食べるもっと大きな魚を呼び寄せる。海のなかで輝く生物は渦鞭毛虫類だけではない。自力ではなくバクテリアの力を借りるものもいるが、藻、ホヤ、甲殻類、ヒトデ、蠕虫、クラゲ、軟体動物など、海のいたるところに、光を発する能力を持った生き物はいる。魚類だけでも、発光するものは1500種類ほどいることが知られている。前に述べたように、この現象は生物発光という。

暗く深い未知の海は、私たちの住む世界とはまったく異なり、光はわずかにしか差し込まない。一瞬光る筋が見えたり、点滅する光が見えたりして、生き物の存在に気づくが、その合間には真っ黒な闇があるだけだ。その世界は私たちの目には不気味で異質に映り、この世に属さないかのようだ。だが、水面からこぼれ落ちる弱々しい日光のなかに影を見たり、生き物が突然発光するのを見たりすると、あの世と違ってそこには命があるのだとわかる。

有名なダイオウイカは、動物界で最大の直径11インチ（約28センチメートル）近い目を持っている。その大きな目が何に使われるか、科学者たちが結論を出すまでに時間がかかったが、その目は結局、クジラなどの大きな物体を見つけるのに長けていることがわかった。ダイオウイカの主な敵はマッコウクジラだ。世界各地に生息する、全長65フィート（約20メートル）にもなるマッコウクジラは、一息で1・25マイル（約2キロメートル）も潜水することができ、簡単にイカをむさぼり食ってしまう。だが、クジラが動くたびに、周囲の生物が小さな光を発する。小さな海洋生物やミクロサイズの藻類の生物発光が、ダイオウイカにとっての警告灯となるのだ。

しかし、透明な水中においても、光はとても早く消散するので、遠くからでは、対象がどんなに大きくても、見えなくなってしまう。最大限に透明な水中でも、人間はおよそ33フィート（約10メートル）の距離しか見えない。ところがダイオウイカは、その大皿のようなサイズの目で、100フィート（約30メートル）ほど離れたところでマッコウクジラが発生させた光の雲も見つけることができる。それほどに遠い光は水に溶け、冷たくぼんやりした輝きにしか見えないのだが。対するマッコウクジラは、音の反響を利用して狩りをする。クジラの出すクリック音は230デシベルという驚異的な音量で、その音波は人間の胸の骨を破壊して殺せるほど強い。それほど強力な音を発するものは、ほかには地震しかない。クジラの出す音は獲物かもしれないものにはね返り、その反響によって、クジラは深いところに何が潜んでいるかを知る。

海の生命には地上の生命より数億年古い歴史があり、いまだ完全に解明されていない。太古の海の生物もおそらく、仲間とコミュニケーションをとったり、敵を混乱させたりするのに生物発光を用いていただろう。ただし、そのような花火が見えるのは、暗い深淵か、真っ暗な闇夜においてのみだ。渦鞭毛虫類は厳密な概日リズムに従っており、日没後にしか水面できらめかない。少しでも光の邪魔が入ると、効果がなくなってしまう。街灯が輝く場所の近くで泳いでも、シー・ファイアは起こらない。発光する生物を調査するために研究者は、自分か渦鞭毛虫類を昼夜逆転させるか、自然のままの夜を人工的に再現しなければならないのだ。

カリフォルニアのまぶしい太陽が照りつけるサンディエゴにあるスクリップス海洋研究所では、研究室の内部に完全な暗闇が作られている。作業台までの道を示すほのかな赤い光があるだけだ。その台の上のさまざまなエルレンマイヤーフラスコ（底が平らで円錐形で首が短い特別なフラスコ）や瓶やガラスケースのなかでは、渦鞭毛虫類が線香花火のように光っている。ここでは渦鞭毛虫類たちは暗闇に包まれて安全に育つことができるので、研究者はどのような化学的変化が発光の誘因となっているかを調査できる。こうした調査がおこなわれるのは、純粋な科学的興味からでもあるし、自然の生物発光を利用して未確認の船を追跡する方法を米国海軍が知りたがっているからでもある。ミクロな生物の光を頼りに、軌道上の人工衛星は船や潜水艦を発見できる。水の深いところでチョークで線を引くように、0・5マイル（約800メートル）にわたって光の跡ができるからだ。

シー・ファイアを起こす生物や、ツチボタルや、ホタルの光のもととなる発光たんぱく質ルシフェリンは、がん細胞の研究の際のマーカーとして、医学にも利用される。ルシフェリンはまた、農産物のなかのバクテリアを追跡したり、宇宙の生命を探したりするのにも利用されてきた。その名は光を掲げる者という意味のルシファーから来ている。ルシファーは今日ではむしろ闇と関連づけられているけれども。月の女神ディアーナもまた、夜に満月で道を示すことから、ディアーナ・ルシフェラとも呼ばれる。今日では化学的に大量生産が可能になったので、ルシフェリンを抽出するために生物発光する生き物を集める必要はない。しかし、私たちは闇の世界の生き物によって作り出される光の化学現象について、完全に理解したとはまだ到底言えないのである。

海が待つ場所

BBCのドキュメンタリーシリーズ『プラネットアースII』には、浜辺でウミガメの卵が孵る有名なシーンがある。画面の奥には波に反射する月、それに水平線に沿って弱く銀色に光る、沈みゆく太陽の最後の光線が見える。卵から出てくるとすぐに、小さなウミガメは、海とまだ明るい西の水平線を目指して、まっすぐに砂浜を這っていく。卵はどれもだいたい同じタイミングで孵る。それが生存のために絶対に重要なのだ。グンカンドリ、カモメ、カニ、アライグマがそこらじゅうで待ち伏せしているので、海までたどりつくカメはごくわずかだ。海にたどりついた1000匹に1匹が、おとなになるまで生き延びられる。ずっとそのように回ってきたのだ。

しかし、そこでBBCのカメラは視点を移動する。すると、砂浜の背後の陸地には都市が高くそびえているのがわかる。街灯、広告掲示板、車のヘッドライト、住宅や店から漏れる光は、弱々しく光る水平線よりも明るく輝く。いまから2億年以上前の三畳紀に起源を持つウミガメたちは、最も強い光が来る方角こそが、海が待つ場所である西だと信じて疑わない。カメは自分の本能を信じて、光を追いかけていく。

砂浜の端の、海に最も近いところにいるカメは、自分たちの後ろで何が起きているかを幸いにも知らないまま、正しい方角を選んで早々と泳ぎ去る。ところが、カメラがズームアウトすると、新たに孵化したウミガメの大多数が、海から遠ざかり、都市の明かりのほうへ向かっていることが明らかになる。

このときは、撮影チームが誤った方向へ進んだカメの多くを救ってやることができた。しかし世界中のほかの砂浜でも、カメは光に惑わされて犠牲になっている。海に到達するカメはますます減っている。トルコのある砂浜では、近くにある工業地帯と観光リゾートの明かりのせいで5分の2のカメしか海にたどりつけなかったという。ただしそれでも、その砂浜は相対的には暗いほうなのだ。

自然を扱うドキュメンタリーは人間が考えた脚本で味つけされていることも多く、私たちはハリウッド映画と同じように、動物の行動や動きに感情を投影してしまう。例のウミガメのシーンでは、たった一度のカメラの動きだけで、ウミガメの子どもが間違った方向に行ってしまう様子がはっきりと、悲劇的に映し出された。ここで私たちは突如として、光害が私たちの地球に及ぼす悪影響の深刻さを知るのだ。人工の光は人間の最大級に優れた発明であっただけではない。間違いなく、生命そのものにとって害にもなるのだ。それは2億年前からの本能を一瞬にして狂わせてしまう。

ニカラグアの海岸には毎年、ヒメウミガメ、アオウミガメ、オサガメ、アカウミガメなど、さまざまな種類のウミガメがやってくる。どの種類も国際自然保護連合のレッドリストに載っており、数が減り続けている。ニカラグアでは伝統的にウミガメの卵を食べるため、事態はさらに悪化している。特に裕福でない人々は、ウミガメの卵を収入を得る手段とするよりほかない。いまでは非営利組織がお金を集めて女性だけのパークレンジャーを雇って海岸をパトロールし、卵を拾う人々から卵を買い取ったり、情報を広めたり、ごみを拾ったり、夜明けにウミガメの子どもを海へ導いたりといった活動をおこなう。残念ながら、この女性たちはウミガメと卵の収集者が最も活発になる真夜中には働けないと決まっている。それでも、彼女たちの活動のおかげで、以前はレストランに並んでいたはずの卵の9割ほどが救われている。しかし、別の危険は残ったままだ。

あらゆる障壁を乗り越えて海までたどりついたウミガメの子どもは、天成のスイマーだ。頼れる両親や先輩もなしに、ウミガメは広大な海原を自らの力で渡っていかねばならない。たそがれ時に旅を始めるウミガメは、ますます深まる闇のなかへとこぎ出していく。以前は、ウミガメの子どもは海の潮の流れに完全に身を任せていると考えられた。自力で目標に向かって泳いでいく力はなく、偶然を頼りに海流を唯一の旅の供としてさまよっているだけだと。サルガッソー海（北大西洋にある、海藻に覆われた海域）から旅立ち、またそこに戻ってくるウナギの不可解な回遊と同じく、ウミガメの壮大な規模の移動はかつては謎に包まれていた。しかしウナギとは違い、ウミガメは比較的容易にGPSをつけて人工衛星で追跡できる。いまでは、ウミガメの子どもは世界の海のなかで栄養の豊富な海域に自ら泳いでいき、運命を自ら決められることが判明している。多くのウミガメがウナギと同じサルガッソー海に行き着き、そこで広い範囲を覆うホンダワラ属の褐藻類に守られて生活する。成長すると、ウミガメは自分が生まれた砂浜へ帰る旅を始める。その際には鳥と同じように磁場を読み取る力が利用される。そうしてウミガメは、コンパスを持っているかのような正確なルートで外洋を何千マイル（何千キロメートル）も渡っていくことができるのだ。

月明かりのなかのロマンス

アニメーション映画『ファインディング・ニモ』には、自分が生まれた砂浜で卵を産むために海を渡るウミガメが登場する。そのウミガメはとりわけ東オーストラリア海流という海流を利用する。それに乗ると、オーストラリアの東岸に沿って移動し、グレートバリアリーフを南方に見て通過し、さらに東のニュージーランド北部にたどり着く。この流れの幅は100マイル（約160キロメートル）あり、毎秒1万6000個の水泳プールを満たせるだけの水を動かしている。多くの動物がこの東オーストラリア海流に乗ったり流されたりしている。これはメキシコ湾流などとともに、主要な5つの環流を構成する海流である。

『ファインディング・ニモ』はいなくなった息子を探すクマノミ亜科の物語で、2003年のアカデミー長編アニメ映画賞を受賞した。評判もよく、劇場は満席になったけれども、まさか本物のクマノミ亜科が10億ドル規模の産業になろうとは、ほとんど誰も想像しなかった。オレンジと白のこの魚に対する需要は世界中で高まり、海から採取されるクマノミ亜科が増加した。魚は海のもの、という映画のメッセージは、部分的には逆効果になってしまった。

だが同時に最近では、サンゴ礁が、それに付随するすばらしい生物多様性とともにいくぶん正当な注目を浴びるようになっている。そして、クマノミ亜科のような生き物を海で採取してくるよりも、その人工繁殖を実現させるほうが価値があると考えられるようにもなった。2013年には、クマノミ亜科を守り、サンゴ礁の存続のために活動する「セービング・ニモ環境保全基金」が創設された。基金はサウスオーストラリア州アデレードのフリンダース大学に拠点を置き、研究活動と教育活動の両方を指揮している。

クマノミ亜科の魚は「アネモネ・フィッシュ」とも呼ばれる。海のイソギンチャク（アネモネ）の触手のなかで一生の大半を過ごすからだ。これはほかの動物にはあまり見られない特徴だ。イソギンチャクはサンゴやクラゲのように刺胞《しほう》を持っており、近づいてきたものを刺す。その毒は酸のように熱く、小さな動物はそれに当たると麻痺し、イソギンチャクに食べられてしまうのだ。その毒はがん細胞を殺すとも考えられているため、医学の分野でもイソギンチャクは大いに注目されている。クマノミ亜科には、刺胞を通さない粘液の層があるため、この毒が効かない。粘液はクマノミ亜科が最初にイソギンチャクに触れたときに発生し、その後クマノミ亜科は触手のなかで安全に暮らせるようになる。クマノミ亜科とイソギンチャクは互いに利益を得ている。イソギンチャクはクマノミ亜科を守り、クマノミ亜科は食べ残しをイソギンチャクに与えたり、イソギンチャクを食べてしまうチョウチョウウオを追い払ったりする。

『ファインディング・ニモ』の主人公のニモは、ほかのクマノミ亜科とは違う。ニモは深海へ続く急な断崖や、自分の住む岩礁の外への冒険に惹かれる。そして、普段は慎重な父親は、ニモを探して広大な海を渡ることになる。現実世界のニモの仲間は父親と同じような性格で、イソギンチャクから数ヤード（数メートル）の範囲しか動かない。十数匹のクマノミが1つのイソギンチャクに住むこともある。しかし性的に成熟したつがいは一組だけだ。メスの長と、最も有力なオスがメスに従属する形でつがいを作る。この2匹はほかのメンバーを束ね、群れのなかで重要な役割を維持しようとする。メスの長が死ぬと、そのパートナーが性別を変えてメスになる。そして若いオスが1匹、そのパートナーに昇格する。満月の光が波間から差し込み、イソギンチャクの触手の間に達するとき、つがいは戯れる。

クマノミ亜科の繁殖のプロセスは自然の光と闇に動かされている。世界中のどの岩礁でも、クマノミ亜科の交尾のダンスが見られるのは月明かりの下だ。イソギンチャクの刺胞に守られた安全な場所に産みつけられたクマノミの卵が孵るのは、必ず日没の数時間後で、日中やたそがれの薄明かりがある時間には決して孵らない。クマノミ亜科の将来にとって、暗闇はきわめて重要なのだ。

フリンダース大学の研究者たちと、セービング・ニモ環境保全基金は、数年間にわたるクマノミ亜科の研究において、わずかな量であっても余計な光に邪魔されると、クマノミ亜科の繁殖サイクルに影響が出ることを発見した。明るすぎると、1匹たりとも稚魚が生まれないのだ。しかし暗くなると卵は孵り、小さな透明な稚魚が水面に浮かんでくる。稚魚は水面に数週間とどまって若いクマノミ亜科の姿になるまで成長し、岩礁のところまで泳いで下り、すみかとなるイソギンチャクを探す。そしてしまいには、群れのなかで最も有力なつがいの片方となり、満月の明かりの下で戯れるのだ。サンゴ礁の近くに人工の光があるとこのサイクルが乱され、何世代にもわたって危機に瀕することになる。

世界中のいたるところで、海沿いに大都市が広がり、特別な体験をしたいという観光客を惹きつけている。イソギンチャクの上を泳ぐ魚、海藻、ヒトデ、カニなどであふれかえるサンゴ礁を、シュノーケリングで見物するのは、確かにすばらしい体験だ。

岩礁は色鮮やかで活気があるが、その周囲の水中も同じように、目がくらむほど生き生きとしている。すると突然、断崖が現れる。まるで上から差し込む光を吸収するような断崖の下の深海には、無限の空間が広がっているのが見える。人間である私たちは、濃紺の深淵を前に躊躇するクマノミ亜科の気持ちが容易に理解できる。だが同時に、ニモがそこに感じた魅力も理解できる。そこには何があるのだろうか。観光客は生き生きとした岩礁と、その奥に無を控えた断崖の両方に、できるだけ近づこうとする。そうしてホテルは海のすぐ近くに建てられ、そこには私たちを楽しいことに誘うネオンや、岩礁のすぐ上にある遊歩道と豪華なバンガローを彩るスポットライトも一緒に作られる。このような豪華な施設は、完璧な体験を創出するため、床がガラスになっていることもある。岩礁の上で寝泊まりし、クマノミ亜科のイソギンチャクのような安全な場所から、ざわめく生き物たちを観察したり、無限に続く青い深淵をのぞき込んだりするのは最高の気分だろう。目もくらむようなその気持ちを味わうために、人々は喜んでお金を払う。

しかし、情緒的なほのかな光であっても、ガラスの床からその光は漏れている。板張りの遊歩道の一面を照らすスポットライトも水面をきらきらと輝かせるし、常に明かりをつけたホテルの正面玄関の光は波間に反射する。たそがれは人工的に引き伸ばされ、本物の夜の場所を奪う。そこに暗闇は存在しない。そのような状況では、クマノミ亜科は交尾のタイミングをつかめず、卵はイソギンチャクの巣の底で孵らないままとなる。こうして、太古からのクマノミ亜科とイソギンチャクの共生関係はゆっくりと終わっていく。クマノミ亜科の数とともにイソギンチャクの数も減ると、人間のがん治療法の発見も一歩遠のくことになる。

クマノミ亜科とサンゴ礁の保護にいそしむセービング・ニモ環境保全基金は、問題はクマノミ亜科だけにとどまらないと考えている。岩礁に住むほかの魚にもクマノミ亜科と似た繁殖のサイクルがある。それゆえ、海水温の上昇と並んで光害は、地球の多くのサンゴ礁が絶滅の危機に瀕している理由を理解するための、重要な要素なのだ。地球で最も色鮮やかで豊かな生態系はいま、ぼろぼろの灰色の廃墟に、ゆっくりと変わりつつある。

青ざめたサンゴ

刺胞動物であるサンゴは身を守る殻に完全に覆われており、その殻がゆっくりと大きな礁を形成する。この殻は動物であるサンゴのすみかとなるだけでなく、光合成をおこなう藻のすみかにもなる。この藻のおかげでサンゴ礁はきらびやかな色になり、そのカーブや空洞や隠れた隙間に生き物を探す野生動物と人間の両方を惹きつけている。サンゴと藻は複雑な協力関係を築き、健康のために互いに完全に依存している。藻が死ぬと、サンゴ礁は退色する。この現象は長い間、20年以上の周期で、特にエルニーニョが強い年に起こるとされていた。

エルニーニョは太平洋とインド洋で起こる定期的な気象現象だ。3〜5年ごとに、貿易風の流れを変える。通常は赤道沿いに循環する海流に乗って西へ流れる温かい表層部の水が、このときには南アメリカの沿岸部に溜まる。すると、通常は冷たいはずの海からは魚がいなくなり、熱帯雨林が乾燥するとともに、平野部には暴風雨が吹き込む。

このような状況下では、温かい水が多数の藻を殺し、サンゴ礁を退色させ、サンゴに栄養不足を引き起こす。このサンゴの白化が20年周期で起こるうちは、サンゴ礁は回復する。著しい白化の後には成長が早いサンゴも元の光沢を取り戻すまでに10年ほどかかる。だがサンゴの白化の周期は目に見えて短くなっている。海流は以前ほど安定せず、地球の気温が上がり始めているのだ。サンゴの白化はいまでは6年ごとに起こり、世界中のサンゴ礁がゆっくりと死滅しつつある。２０１７年には、オーストラリア沖のグレートバリアリーフの3分の2近くが、異常に温かい海水の被害を受けた。

皮肉なことだが、オーストラリアでは、サンゴが繁殖するのは最も水温が高い12月だ。繁殖は年1回の出来事で、クマノミ亜科と同じく、満月の下でおこなわれる。繁殖の儀式は、小さな卵がサンゴ礁を出て水面に浮かんでくるところから始まる。卵はサンゴの内部から放出され、数分のうちに何百万という数の卵が水中を漂う。サンゴは雌雄同体であり、卵と精子を同時に放出する。生殖体（卵と精子）を濃く放出するほど、受精の可能性は高くなる。つまり、放出するのが早すぎたり遅すぎたりする個体は、自分の遺伝子を増やせる可能性が低くなる。その様子はまるで、ひっくり返すとくるくると雪が舞うスノードームのようだ。一連の出来事は華氏90度（摂氏32度）近い水温の熱帯の海では、少し超現実的にも見える。何百万という生殖体が満月の光を反射すると、夜の闇のなかでも、何マイル（何キロメートル）も先から見える。

水面へと浮かび上がる途上で卵は受精し、自由遊泳する幼生となり、最後は固着するポリプになる。成長したサンゴが再び生殖体を月で照らされた海に放出するのは、1年後だ。サンゴの生殖の際には多くの研究者がサンゴの生態を知ろうとボートで待ち構えて、その時間をともにする。

生殖体が一斉に放出されるタイミングはとりわけ、月の満ち欠けのサイクルと日没の最終段階の光線によって決まる。サンゴの体内時計は後者に合わせて調整され、最適な時間帯に産卵がおこなわれる。サンゴの種類によってプログラムされたタイミングはわずかに違うが、同じ種類ではどの個体も同時に産卵する——かつてはそうだった。いまでは世界中のサンゴ礁でサンゴの体内時計が狂い始め、産卵の夜が数週間にも及ぶようになった。理由として考えられるのは、温かすぎる海水の流入とそれに伴う藻の死滅や、有毒物質による汚染だ。だがもう1つの理由は、月が見えなくなったことかもしれない。世界中の大都市の明かりが空に映る手がかりを隠してしまっているため、いつが新月でいつが満月なのか、サンゴは認識できない。地球温暖化と光害の組み合わせは、既存のサンゴ礁の崩壊につながっているのみならず、サンゴが再び造礁するのも難しくしている。共生相手の藻に光合成をしてもらい、エネルギーと栄養を作ってもらうためには、光が必要だ。だが、一斉に舞う生殖体を放出し、次の世代の幼生、ポリプ、礁を確実に作り出すために、サンゴには暗闇も必要なのだ。

サンゴ礁には数え切れないほど多くの動物が住む。その多様性に匹敵するのは熱帯雨林のみだ。サンゴ礁に住む動物の1つに、パロロがいる。サンゴ礁の空洞や割れ目に住む多毛類だ。毎年10月と11月の変わり目、満月が空に昇った直後、パロロは生殖体が詰まった体の端を切り離す。サンゴと同じくこれは満月が輝くときにおこなわれ、やがて浅い海に無限のパロロの切れ端が漂う。パロロは栄養豊富なので、太平洋の島民は何世紀にもわたり、このイベントを暦に記してきた。

タマシキゴカイやイソツルヒメゴカイなど、海に住むほかの多毛類も月のサイクルに従って動いている。タマシキゴカイは潮間帯に住む。小さな円筒形に積もった砂が浜辺に見られることがあるが、それはタマシキゴカイの排泄物で、そこにタマシキゴカイが生息している印である。イソツルヒメゴカイはアマモが生い茂る堅い海底に住む。この2インチ（約5センチメートル）の長さのカラフルな虫は小さくて透明なチューブを形成し、そのなかで生きる。そして春から初夏に変態し、生殖できるようになる。ちょうど新月の、海水面が最も暗いときに、それらは大挙して集まり、渦を巻くように旋回して交尾のダンスをする。これは実験室や水族館でも再現できるが、交尾が始まるには厳密な月の満ち欠けのサイクルが必要だ。このように、詳しく見るほど、日光の強さや水温などの手がかりと組み合わせながら、月の満ち欠けのサイクルを利用している海の生物がたくさんいることがわかる。ウミエラ、魚、カニ、軟体動物など、あらゆる動物が、一生の次の段階を始めるタイミングを知るために、繰り返される月の変化に頼っているのだ。

トワイライト・ゾーンにて

私は腕を伸ばし、水に浮いて漂った。真昼の太陽の光が波間に反射して、太古からある石灰岩の層をさまざまな色に彩っている。私の下には魚、ヒトデ、巻き貝、海の多毛類などが入り混じっており、海藻がゆっくりと揺れている。私はホンジュラスにある世界で2番目に大きなサンゴ礁、メソアメリカ・バリアリーフ・システムの一部に来ていた。サンゴのところの水深はわずか数ヤードだが、サンゴの端まで来ると、深い海が迫ってくる。サンゴの端の向こう側が目に入るたび、世界の果ての無限の縁を見ている気がして、くらくらした。そこではターコイズブルーの水が急に紺色に変わり、わずか10ヤード（約10メートル）先もぼんやりとしている。時折、影が見えた。大きな魚の群れが近づいてきたか、あるいは暗闇そのものに命が宿ったかのようだ。フリーダイバーのジャック・マイヨール（1927〜2001年）が主人公のリュック・ベッソン（1959年〜）監督の映画『グラン・ブルー』を思い出した。マイヨールは素潜りで初めて100メートルの深さまで潜った人物だ。彼が深く潜るごとに、そのヘッドランプの光だけが目立っていく様子、彼がますます大きくなる無限の空間に囲まれていることを気にもとめず、冷静にどんどん深くへと水を蹴る様子を私は思い浮かべた。私は特に高さや暗さを怖がる質ではなかったが、このイメージが私を朦朧とさせ、ほとんどパニックに近い状態になった。それでも、深淵をのぞき込むと信じられないほどの恍惚を感じた。

海面からの光は、海中ではすぐに弱まる。220ヤード（約201メートル）も潜れば、ほとんど残らない。それでも、5分の3マイル（約960メートル）くらいの深さまで、青緑一色の淡い一筋の光は届く。私たちの目には真っ暗に映るだろうが、その深さのところに広がる空間は海の「トワイライト・ゾーン」（弱光層）と呼ばれている。永遠に続く夜が始まるのはその下からだ。そこまで深くなると、生物発光によって生き物そのものが発する光しか見られない。その終わりなき闇のなかでじっとものを見る目は、私たちの目が受容できる光の10分の1の強さしかないような、きわめて小さな光のちらつきにも反応する。私たちの目には完全な闇としか感じられない場所にも、実は明るさの微妙な違いがあるのだ。

1日に2回、地球上で最も大規模な移動が起こる。プランクトン、甲殻類、軟体動物、小魚など、幅広い生物が海の深いところの暗い水域と海面近くの明るい水域の間を移動する。海だけでなく、湖でもそうだ。毎晩、何百万もの動物が水面に上がってきて、夜明けが近づくと、またゆっくりと沈んでいく。これらの生物すべてには、地球の自転と1日の光の変化によって動く、安定した体内時計が備わっている。それらの体内のリズムはあらかじめ決まったペースで動くが、光によって調整されるため、その動きは1日の時間とぴったり合致する。

夏と冬の差が最も大きい極地の、真夏の真夜中の太陽のもとでは、その海のリズムは停止する。夜がずっと続く冬には、月が太陽の代わりに指揮者の役を担い、その軌道によって時間を刻む。月に一度の明るく輝く満月はこの海のリズムにも影響する。地球上のどこであれ、満月が現れるときは、海の生物の移動が一時停止する。反対に、日食で太陽が見えないときには、真昼でも海は動き続ける。

そのため、自然の光に変化が加わると、生態系全体が影響を受ける。暗闇は、これらの海の生物にとっては安全と同義だ。日光が深いところに差し込むほど、これらの動物たちは安全な暗い水域へと沈む。ミクロサイズであることも多い生物たちが魚に食べられるのを、暗闇が防いでくれる。これらの生物が最も危険にさらされるのは、月が少しの間出たとき、もしくは朝日の最初の光線でその姿が突然見えるようになったときだ。

食物連鎖のさらに上部でも、暗闇による保護が必要とされているのがわかる。ウナギは、月が隠れ、人工の光もないときにしか移動しない。そのため、明かりで照らされた水路では、この有名な魚は水底の堆積物に隠れ、永遠に続く昼のような時間が過ぎ去るまで待つ。スウェーデンのイェーテボリ郊外のある川では、ウナギの数が数えられ、その動きがマッピングされたが、月が輝いているときよりも地平線の下に隠れているときのほうが、圧倒的に多くのウナギが川を通過するとわかった。ウナギが計測された2012年9月下旬のある夜、近くの19世紀に建てられた古い工場で停電が起こり、1830年代のレンガ造りの建物一帯が闇に包まれた。その日の夜はより長くなり、闇はより深くなった。ヨーロッパヒナコウモリの歌が川の南の丘に沿って聞こえた。その夜、ウナギの活動は特に目立っていた。

それほど暗い環境に順応していないほかの魚も、光に応じて行動する。たとえばパーチは光のわずかな変化を感知し、満月の10分の1の明るさの光によっても、その概日リズムは影響を受ける。おそらく、湖や海では通常の光量が少ないので、特に光に敏感になるのだろう。移動中のサケは、自然に、あるいは（こちらが普通になりつつあるが）人工的に水面が照らされるとき、最もアザラシにつかまりやすい。照明で照らされた入り江や港の船だまりは、少なくとも一時的にはアザラシのような捕食者にとって有利な環境だ。人間は、漁に光を利用する方法を昔から心得ていた。前に述べたように、漁師は何世紀にもわたって、網に魚をおびき寄せるためにランタンを使っていた。トロール船がニシンを獲り、毎日何トンもの魚が網にかかるノルウェー北部では、漁をしているのは人間だけではない。シャチは遠くの漁船の音を聞き、その漁船の光のところに行けば、音波を使わずに狩りができる。人工の光に照らされた泡で狼煙のように合図をすることで、シャチは仲間を呼んでビュッフェに参加させることもできる。このように、北の海で起こる闇の中断はシャチに有利に働いている。光によってゲームのルールと、捕食者と獲物のパワーバランスが変化するのだ。それがどんな結末をもたらすか、しっかりと考察されるようになったのは、ごく最近だ。

ウェールズ沖の海では、石油掘削装置や大型船が放つ光が増えている。人工の光がさまざまな生物に悪影響となりうることは知られているものの、海洋生物への具体的な害はまだ十分に研究されていない。2013年には、イギリスの2つの大学が光害についての研究を開始した。その研究では、アングルシー島とウェールズ本土の間のメナイ海峡の海面すぐ下に、LEDがついたプラスチックのパネルが降ろされ、さまざまな生物の一定期間あたりの増え方が計測された。プレートには47種類もの生物が住みつき、複雑なミニチュアの生態系を形成した。サンゴなどの動かない動物や管状の多毛類が小さな起伏を作り出し、そこに甲殻類や幼生や稚魚が住んでいた。しかし、そのパネルの光を明るくすればするほど、多様性は減っていった。光によって利益を受ける動物はごく数種類だった。ウニや刺胞動物は暗い場所を好んだ。ヨコエビとゴカイ類は明るいパネルの上で通常と同じかそれ以上に繁栄した――ゴカイ類の交尾の儀式は月の光のバリエーションによって起こるのだが。このように、街灯と同じくらいの明るさの照明で、研究者たちはその小さな生態系を操作し、その構成を変えてしまうことができた。

この力学は、大きなスケールで見ると懸念すべきものだ。約10万隻の輸送船が地球の大陸の間を行き来し、1500の石油掘削装置と少なくともその1000倍の数の風力発電機が海に建造されている。世界の人口の4割が海岸から60マイル（約96キロメートル）以内のところに住んでいる。海の負担は大きくなるばかりだ。いまでも大海の大部分が昔のままの広大な夜空の下にあるものの、星が満点の輝きで見える場所に行こうと思ったら、そして、海の生き物が人工の光のダメージを受けずに暮らせる場所に行こうと思ったら、陸地からますます遠くへこぎ出さねばならなくなっている。

流転する生態系

ニュージーランドには風変わりな生き物がたくさん住んでいる。大陸から遠く離れたニュージーランドの島々では、現在の南極、アフリカ、南アメリカと一緒だったゴンドワナ古陸から分離して以降の1億2500万年間に、進化が自由に進んできた。この島が原産の哺乳類は2種類のコウモリしかいない。それは翼を使わずに、地面を走って昆虫や花粉を食べることもある。天敵がいなかったので、数種類の鳥は飛ぶのをやめ、地上に適所を見出した。昆虫のなかにも、世界のほかの場所にいる近縁種には見られないような振る舞いをするものが多い。その最も目をみはるような例は、ウェタだ。ウェタという名前は数種類の総称で、バッタ目である。とげが生えた脚を持つキリギリスに似ているが、羽はなく、滅多に跳ねない。その代わりにウェタは特に夜間、地面を這って移動する。ウェタは驚くほど大きく、そして何よりも重く成長する。4インチ（約10センチメートル）近くの個体は珍しくなく、重さの最高記録は2・5オンス（約70グラム）近くに及ぶと言われている。それは当然ながら卵を抱えたメスだったが、それでもすごい重さだ。その体重はスズメ1羽、あるいはニュージーランドのコウモリ5匹分に匹敵する。スウェーデンでウェタを郵送しようと思ったら、追加で切手を買わなくてはならないほど重いのだ。

ウェタが夜行性なのは、かつてはウェタのサイズの昆虫を何よりも好んで食べる鳥がいたことを示唆している。いくつかの例外を除いて鳥は昼行性なので、ウェタは暗い時間帯に食べ物を集めるようになったのだ。それでも、天敵はいる。たとえば、夜行性のムシトカゲだ。これはニュージーランド固有の爬虫類で、現存するトカゲやワニとは近縁でなく、少なくとも2億2500万年もの間、たった1種で系統樹の一角を占めてきた動物である。このムシトカゲがいるものの、夜間のウェタにとって地上ははるかに安全な場所であった――少なくとも今日までは。

1800年代、ますます多くのヨーロッパ人がペットとともに島に渡ってくると、捕食動物の数が著しく増加した。特にネコは、ニュージーランドの動物にとって有害だった。この新たな敵から身を守る手段を持っていた野生動物はほとんどおらず、ウェタを含む多くの在来種は、生きるのが困難になっていった。今日、最悪の敵はネズミだ。ネズミは1700年代に船乗りによって（意図せずに）ニュージーランドに持ち込まれた。ほかの多くの哺乳類と同じくネズミもたそがれ時を好むため、在来の野生動物は人工の光に守られているのではないかと言われたことがある。もう少し明るい環境ならば、ネズミやネコに殺されるニュージーランドの在来種は減っただろうか？ 妥当にも思える説だが、被食者もまた、人工の光の悪影響を受けただろう。南半球でも北半球と同じように、何十億年もの間、夜と昼は交互に来るものだった。すべての動物のリズムが、それに沿ってできている。ウェタも光に敏感に反応し、太陽が沈むまで決して穴から出ない。満月の夜にも、ウェタは巣から動かない。ある実験では、9割近くのウェタが、人工的な光で照らされた環境ではまったく餌を探しに行こうとしなかった。そのため、ネズミが光を避けるといっても、ウェタには意味のないことだ。

自然発生にせよ、人間に持ち込まれたにせよ、新たな天敵が現れた島では、食べられる側はあっという間に不利になる。自分や先祖の一生のなかで、必要な防衛手段を獲得したことが一度もないからだ。捕食者と被食者のバランスのためには、行動や性質の自然淘汰という長いプロセスが必要とされるが、人間やペットはそのバランスを容易に覆してしまう。

捕食者と被食者の間のバランスは、環境の変化でも覆される。人間が夕方や夜を明るくすると、動物の概日リズムが乱れて、いつ隠れていつ狩りをすればよいかが、わからなくなるだけではない。捕食者と被食者の両方において、カモフラージュの可能性が奪われたり、隠れ場所が明らかになってしまったりもする。夕暮れに狩りをするトラは、影で姿が見えなくなるまで、その縞模様を利用して草に溶け込む。だが、アジアの大都市の光で空がますます明るくなるにつれて、トラは獲物に気づかれやすくなっている。光が双方に等しく影響するケースは稀で、大抵の場合は一方が不利になる。

こうして、ネズミのように一部の種が勝者となり、ほかは食べ物を見つけられなくなる。増える街灯の光のなかで、一部のコウモリが都合よくガをつかまえる裏には、実は2種類の敗者がいる。暗闇のなかでは、追いかけてくるほとんどのコウモリから逃げることができるガは、街灯の明かりに入ると、完全に防御力を失ってしまう。だが同時に、クロチチブコウモリやウサギコウモリといった、ガよりも特に賢い種類のコウモリも、この変化のなかで競争に負けていくのだ。これらの種類はコウモリのなかでも最も光を嫌う部類なので、ほかの種類のコウモリと違って、街灯の下のビュッフェにはありつけない。そうして、ますます周縁へと追いやられてしまう。

夜の公益的機能

コウモリはCOVID-19の流行を引き起こした犯人だとされ、歴史上何度も繰り返されたように、恐怖の生き物というイメージを持たれた。しかし、キクガシラコウモリから似たウイルスは見つかったものの、SARS-CoV-2がどこから来たのかは明らかになっていない。可能性はあるが、コウモリが人にウイルスを伝染するという例は珍しい。それよりも私たちは、何百万年も病気に対処してきたコウモリの独特な免疫システムから学ぶことがあるはずだ。

夏の暗闇で蚊を呪ったことがある人はみんな、コウモリを歓迎するべきだ。コウモリは1匹で一夜にして3000匹もの昆虫を食べるので、コウモリのコロニーが1つあれば、夏の晩にテラスで過ごす時間はとても快適になるだろう。コウモリは自分たちのために動いているのだが、私たちはありがたくもその世話になっているのだ。

アジアでは、米が何十億人もの人々の生活を支えているが、害虫や病気の被害に常に脅かされている。毎年、1億トンを超える米が、さまざまな理由で食べられなくなり破棄される。水田の上でコウモリは、米に襲いかかろうとする昆虫を食べ、米のロスを減らすために力を尽くしてくれる。効き目と環境への優しさを両立した農薬はほとんどない。そのため、タイだけでも、コウモリの働きは毎年1億ドルもの価値があると見積もられている。北アメリカでも似たようなことが起こっている。毎晩、1億匹を超えるコウモリがアメリカ南部の洞窟や橋の下から飛び立つ。その1匹1匹が、1日で自分の体重の半分以上の重さの量を食べるのだ。つまり、一晩で合計500トンもの昆虫が食べられることになる。その獲物のなかには、幼虫がトウモロコシや綿花に被害を与えるヤガ（夜蛾）がいる。コウモリの食欲は毎年、アメリカ合衆国の農家にとって合計30億ドルの節約につながっている。コウモリがいなければ、農薬にそれだけの費用を払わなくてはならないのだ。

ハチドリ、クマバチ、ミツバチ、ガのように、植物の花や果実を探すコウモリもおり、それらは重要な送粉者となっている。世界中で500種類を超える植物が、コウモリのおかげで受粉している。コウモリによって受粉する植物は、ありふれたものもあれば、リュウゼツラン、バルサ、マンゴー、グアバ、ナツメヤシのように、人間にとって経済的に重要なものもある。また、コウモリの糞から種を広める植物もある。タイとマレーシアでは、コウモリによるドリアンの受粉は年間1億ドルの価値があると見積もられている。1個の実が6・5ポンド（約3キログラム）にもなるドリアンは、ホテルや公共交通機関への持ち込みが禁止されることもある奇妙で臭いにおいにもかかわらず、味はおいしく、果物の王と呼ばれている。そのにおいは私たちの嗅覚ではなく、種を運ぶオランウータンのような動物のために進化したのだ。

世界には1300種類以上のコウモリがおり、その約7割が昆虫を食べる。20世紀初頭から、コウモリは昆虫の数を抑えていることがわかっていた。その昆虫にはマラリア蚊のような疫病を広めるものも含まれる。マラリアは今日の人類にとって最大級の悩みの種であり、1日に1500人が命を落としている。流行地域に空腹のコウモリを呼び寄せようという試みも何度かされてきた。この案は、耐性のあるマラリアが世界中に広まり始めてから、より重要になっている。コウモリの数を維持することにどれだけの経済的価値があるのか、あるいは人工の光で照らされた教会の塔、観光地の洞窟、中心街などから、コウモリが完全に消えたら何が起こるのか、包括的な予測はまだなされていない。しかし近年、より多くの商業関係者が、コウモリが何を食べ、何を排泄するかについて知り、注目するようになっている。

グアノとも呼ばれるコウモリの糞は、常に効果的な肥料となってきた。多くの場所で商業目的で採取され、スウェーデンでも在庫の豊富な園芸用品店ではグアノの缶詰が売られている。化学の時代であるいま、リンやその他の栄養の自然な供給源のことを、私たちは忘れてしまいがちだ。それでも、以下のような動きはある。2014年、メラニー・ドレーゼとミヒャエル・フェルカー夫妻は、ドイツの古いブドウ園を受け継いだとき、できるだけ自然な有機農法でブドウを育てようと企てた。そこで2人は暗闇、水、昆虫が豊かな地面、適切なすみかを用意するなど、さまざまな手でコウモリを呼び寄せた。いまではウサギコウモリの大きなコロニーがそのブドウ園に住みつき、大量の肥料を無料で作り出している。このブドウ園の最も有名なワインは「フレーダーマウス」(ドイツ語でコウモリの意味)と名づけられ、ラベルにはウサギコウモリが描かれている。2017年産の赤のフレーダーマウスは酸味とミネラル感があり、ストロベリー、ライム、クロフサスグリのフレーバーだという。コウモリの糞の栄養分で大きく育ったブドウを醸造したものだ。

フランスのブドウ園でも、農地にコウモリがいることのメリットが理解されている。ボルドーワインの生産者たちは、この中世に起源を持つフランス南西部のワイン生産地域において、コウモリに関する研究を委託した。そこでは3年間、研究者と約20のブドウ園が協力して地域にコウモリを定着させた。そしてコウモリが何を食べるのかや、巣の近くで狩りをするのかどうかが分析された。すると、ほぼすべてのコロニーが近くのブドウの木の上で狩りをすることがわかった。コウモリはまた、幼虫がブドウに大きなダメージを与えるガの一種、ハマキガ科の虫を大量に食べていた。この結果から、コウモリをうまく活用すれば、フランスやヨーロッパ全土で使われる農薬の量を大幅に減らせるのではないかと期待されている。

このような取り組みや、動植物が人間にどれほどの意味を持つかを定量化する試みによって、生物学者は経済学者と、生態系の公益的機能（サービス）について話し合えるようになった。地球上のさまざまな生物によって24時間体制でもたらされる恩恵があるのだ。その大部分が夜におこなわれる。送粉、有害生物の駆除、分解、二酸化炭素の貯留、騒音の軽減、薬の生成など、挙げればきりがない。たそがれ時の花の香りや鳥の歌声のすばらしさ、塩浴の効果など、経済学の概念ではとらえづらい美的な価値もある。けれども、自然に近づくことがいかに私たちの幸福感を高めるかも、多くの研究から明らかになっている。

第3部

人類と宇宙の光

3つの薄明

光は瞬時にそこにあるものではなく、届くのに時間を要する——デンマークの天文学者オーレ・レーマー（1644〜1710年）は1675年、木星の衛星イオを観測したのちにそう仮定した。レーマーは、光が速度を持つかもしれないと最初に考え始めた人々の1人だ。彼の唱えた説は、今日の私たちの光に関する理解の重要な一部をなしている。レーマーの説が出てすぐに、オランダの天文学者クリスティアーン・ホイヘンス（1629〜1695年）は、光は波であるという説を唱えた。それに対して同時代人のアイザック・ニュートン（1643〜1727年）は、光は粒子でできていると主張した。のちに、彼らは2人とも正しかったことが判明する。

ホイヘンスとニュートンのモデルを合体させた人として一般に名前が挙がるのは、アルバート・アインシュタイン（1879〜1955年）だ。（アインシュタイン自身はいささか半信半疑だったのだが）。アインシュタインは、光は光子という粒子から成るが、前進する波でもあると推測した。つまり、光には質量を持った物理的なものという面と、動的なエネルギーの場という面、2つの性質があるというのだ。光が何かにぶつかると、吸収されるか反射するかである。物体に光がはね返って私たちの目に入るとき、私たちはその物体を知覚する。

2015年にようやく、その2つの形で光がイメージ化され、アインシュタインの推測が立証された。だが私たちが日常会話で光と言うときは、電磁波の放射という大枠のなかの小さな一部分のことを指しているにすぎない。電磁スペクトルの一方には波長の長い電波やマイクロ波があり、もう一方にはX線やガンマ線などの短い波長のものがある。あらゆる色をした光はその中間にあるが、実際には私たちに見えるよりもかなり多くの波長がある。電磁波の大きさ、すなわち波長によって、知覚できるか否かが決まっている。人間の目は380〜800ナノメートルの波長の光を感知できる。その範囲内で波長が長いのは赤い光、短いのは紫の光となり、その間には虹のすべての色が収まっている。

多くの動物は、人間が知覚できる範囲の外の波長を知覚でき、私たちが見るのとはまったく異なる、環境の微妙な変化を感じ取る。人間が見える範囲よりも長い波長の光は赤外線と呼ばれ、私たちには熱として感じられるのみだ。だがヘビは赤外線を感知し、ほかに見たものとそれを組み合わせて自分の周囲の写像を作るので、体温の高い獲物を簡単に見つけられる。人間が見える範囲よりも短い波長の光は紫外線という。それは昆虫や鳥には見え、私たちの理解を超えた色の世界を認識するのに使われる。

1日のなかで、光の色は変化する。太陽が低い位置にあるとき、波長の長い赤い光よりも短い光のほうが大気に吸収される。そのため、見ている人の周りの景色は青っぽくなり、地平線のところにある太陽や空は赤っぽくなる。朝、昼、晩と、時間帯によって青い光と赤い光がかわるがわる優勢になるサイクルがあるのだ。同時に、光の強さも時間帯によって大きく異なる。たとえば天頂にある太陽は、新月の曇り空よりも何十億倍も強い光を放射する。

日が傾き日光が弱まるにつれ、影が長くなり、景色の色は淡くなっていく。夜の帳が下りてきて、しまいには景色全体を重い毛布のように覆う。ちなみに、スウェーデン民間航空局の規定では以下のようになっている。「暗闇とは日没と日の出の間の、減衰した日光によって、明かりのついていない人目につきやすい物体が8キロメートルよりも遠い距離からはっきりと視認できない状態である」

夜の闇は、地平線から何度下に太陽があるかで定義される。密な闇が訪れる夜の前には、薄明の3つの段階を経る夕刻がある。太陽が地平線から6度沈むごとに、薄明の段階が移り変わる。まずは太陽の上端が地平線の下に沈んだときに、第1段階の「市民薄明」が始まる。そのときには雲がなければ、まだ残った光で本を読むこともできる。天空には、ベガ、カペラ、アークトゥルスといった最も明るい部類の星が、はっきりしない点の形で現れ始める。ちなみに、肉眼で簡単に見える星として真っ先にイメージされる北極星は、実際には天空の星の最も明るいグループのなかでは、かなり下位にあるが、安定して確実に北の空に見ることができるので、重要な基準かつ代表的なシンボルとなっている。

この薄明の段階がどれだけの時間続くかは、地球上のどの場所にいるかで変わる。北に行くほど、太陽の軌道は地面に対して平行に近くなるからだ。スウェーデンでは春分の日と秋分の日の市民薄明は約45分、夏の市民薄明は約1時間続く。スウェーデン中部のダール川北部では、夏のある時期の市民薄明は真夜中にかかり、真っ暗にはならない。スウェーデンを代表する作家ハリー・マーティンソン（1904～1978年）の言葉通り、「6月の夜は決して来ない」のだ。反対に、極地の冬は、太陽が昼を呼び出すほど高く昇らないので、夜が永遠に続いているかのようだ。そして赤道直下では、季節を問わず夕闇が非常に速く落ちるので、薄明の各段階もわずか15分ほどで終わる。

太陽の中心が地平線の6度下まで沈むと、市民薄明から「航海薄明」になる。最も明るい部類の星と地平線はこのとき、はっきりと見えるようになる。それは六分儀を使って針路を見出すための必須条件であり、そのために航海薄明という名がついている。六分儀は1757年にイギリスの海軍士官ジョン・キャンベル（1720～1790年）によって発明され、それ以降の航海のあり方を大きく変えた。その仕組みは単純だ。特定の時刻におけるさまざまな星の地平線に対する角度を測ることで、地理的な位置がわかるのだ。電子機器が中心となった今日でも、この方法は世界中の海で重要なバックアップとして用意されている。

航海薄明は太陽がさらに6度沈むまで続く。そして太陽が地平線から合計12度下に沈むと、3つの薄明の最後の段階が始まる。「天文薄明」だ。まだ完全な暗闇状態ではなく、太陽が沈んだ方向もわかるが、より弱い光の星もこのときにははっきりと見えるようになる。天文薄明の途中、太陽が地平線の15度下に差しかかる頃のことを、非公式に「アマチュア天文薄明」と言ったりもする。このときには、高度な機器を使用しなくても見える星や天体現象の多くが姿を表すからだ。現在のスウェーデン領の南部に生まれ、のちにプラハで宮廷天文学者になった科学者ティコ・ブラーエ（1546～1601年）の伝記には、彼が空にあるものを裸眼で見る卓越した能力を持ち、視覚的な補助器具をまったく用いなかったと書いてある。彼の観測の作業は航海薄明の途中から始まり、「狼の時刻」として知られる深夜まで続いたという。

最近、ティコ・ブラーエ博物館が、スウェーデン南岸沖にある、ブラーエが天体観測で多くの時間を過ごしたヴェン島のオール・セインツ教会にオープンした。そこに行けば、ルネッサンスマンだったブラーエが、宇宙の大原則と1000年間言われてきた教説にいかに疑問を呈したか、さらに、どのようにして裸眼で見ただけで777もの星を見つけて命名したのかについて、さらに詳しく学ぶことができる。ブラーエの天文台「ステルネボリ」の一部は復元されているが、いまの夜空は16世紀末と同じではない。エーレスンド地方のあらゆる都市の光のちらつきによって、裸眼で星を探そうとする人の目は曇らされてしまう。光害はまるで、宇宙をのぞく窓を汚れた布で拭いて曇らせてしまったかのように、銀河や遠くの恒星系を拭い去ってしまった。

ダークマター

銀河は私たちの理解を超えた何かでできているかのような動きをしている——ものすごい速度で回転しているのだ。何がこの銀河の回転を動かしているのかは、1980年代初頭にこの現象が発見されてから、天文学者にとっても謎であった。

1958年、アルバート・アインシュタインの死の数年後にプリンストン大学にやってきたジェームズ・ピーブルス（1935年〜）は、宇宙最大級の謎のいくつかを解き明かそうとしてきた。60年間大学に所属し、有名な前任者アインシュタインの道を受け継いだピーブルスは、ビッグバンのときの熱くて密な状態から、現在の冷えて低密度な状態に至るまでの宇宙の歴史と構造について研究してきた。いまではアインシュタインの住んだ家の近くに住むピーブルスは、宇宙というものの私たちの日常的なイメージを形作り、私たちを取り囲むこのほとんど不可解な世界の理解を深めることに貢献したのである。

ピーブルスの宇宙のイメージは、楽団が暗いところで音楽を奏でている場面にたとえられる。私たちには、目に見える物質に相当する何人かの演奏者が見える。だが聞こえてくる音楽からは、暗くて見えない場所のどこかや舞台裏に、もっと多くの演奏者がいるはずだとわかる。そして研究が進んだいま、見えない演奏者がたくさんいるという確信はますます強まっているし、その演奏者がどのような楽器を担当しているのか、理論的なモデルを考えることも可能だ。このたとえに当てはめると、私たちに聞こえている音楽を奏でるには、私たちに見えている数の20倍の演奏者が必要だという。つまり、今日の観測方法で認識できるよりも20倍多くの、未知の何かが宇宙にあるのだ。その未知のものの一部は「ダークマター」と呼ばれるようになった。完全に目に見えない粒子だ。それは私たちの目に見えるようになるために必要な、電磁波の放出や反射を起こさない。そのため、ダークマターが引力でほかの粒子に及ぼす影響を見る、あるいは楽団のたとえを続けるなら、見える演奏者と見えない演奏者の音から生まれるハーモニーを聞くことしか、私たちにはできない。

ジェームズ・ピーブルスが手がかりにしたのは宇宙背景放射という現象だ。これは宇宙の黎明期から存在し、ビッグバン説の証拠の1つであるほか、ダークマターが存在すること、さらには数多くの種類が存在することの証拠の1つでもある。宇宙のわずか5%が私たちの目に見える物質でできており、20%超がその不可解なダークマターでできている。そして今日の理論によると、残りはさらに秘められた〝ダークエネルギー〟で、それが宇宙の起源を解明する鍵になるという。だがそれは私の理解の範囲を超えており、本書の本筋からも外れるので、置いておこう。

今日の宇宙望遠鏡は、ピーブルスが研究した背景放射を画像化し、その構造やさまざまな放射のパターンを明らかにしている。ピーブルスの理論による現代の創生の物語では、このパターンこそが宇宙の設計図となったのだ。宇宙が生まれて最初の粒子がダークマターの力を借りながら凝集し、宇宙のすべての銀河を形成した様子が、このパターンを読み解くことでわかる。この画期的な研究により、ピーブルスは2019年にノーベル賞を受賞した。

私たちは光を瞬間的なものだと受け止め、見えていることはいま起こっていることだと考える。私たちの感覚の世界では、物事の距離は地球サイズで、すぐそばで起こっているも同然だ。しかし実際には、光も移動するのであり、到達するまでに時間を要する。光の速さには限界がある。そのため、私たちは8分前の太陽、そして17世紀の北極星の様子を、いま見ているのだ。私たちの目に入ったとき、それがまだそこにあるとは限らない。遠くのものほど、その過去の状態が私たちには見えている。

マイクロ波の跡、すなわち宇宙の背景放射の跡を、宇宙の外側へとたどっていくと（それに応じて時間もさかのぼるわけだが）、深海で次第に消えていく光のように、最終的にはそれ以上先に行けない場所に突き当たる。すべての背景放射はそこから始まったのだ。そこまでたどると、私たちは可能な限り宇宙の起源に近づいたことになる。そこはビッグバンから数十万年後の時点、整理されていない粒子が自由に動いて輝く霧を作る、高温プラズマの層だ。ここでマイクロ波をたどる私たちの時間旅行は終わりになる。

しかしピーブルスの考える宇宙はそれよりもずっと前にさかのぼる。彼の宇宙論ではプラズマの濃霧を抜け、ビッグバンも抜けたさらに前、原子や光子ができる前の未知の時点に宇宙が生まれたと推定されている。時間が始まる前、神があらゆる光と星の創造をしに現れる前に、暗闇のなかの一瞬ないしは永遠に、宇宙の起源があるという。そのため、世界が創造される前には暗闇とカオスがあったとする宗教の物語には天文学的事実もわずかに含まれている可能性がある。もしかすると、私たちが生きる時間は宇宙の永遠の生のなかの間隙にすぎないのかもしれない。この光と物質の時代は、拡大し続ける時空間の単なる揺らぎ、もしくは一時的な作用でしかないのかもしれない。私たちは暗闇で生まれ、暗闇で死ぬ。光は瞬間的な訪問者にすぎない――それでも、あらゆる生命は光を頼りに生きている。

夜空の測定

1744年、新年の夜空が史上最大級に明るい彗星で照らされた。C/1743X1、またの名をクリンケンベルグ彗星（シェゾー彗星）だ。これは1743年から1744年の変わり目の数カ月間、ちょうどフランスがイングランドに侵攻しようとした（がすぐに終わった）時期に観測された。のちの天文学者シャルル・メシエ（1730〜1817年）はこのときまだ十代で、このクリンケンベルグ彗星が彼の天文学への関心に火をつけた。その後、メシエはコメットハンター（彗星探索家）としての生涯を送り、フランス王ルイ15世には「彗星探偵」とも呼ばれた。だが実際には、メシエの功績の大部分は、夜空に見える彗星以外のものを確認したことにある。彼自身は、彗星を特定しやすくするために、彗星の周囲にあるものを整理しようと考えたのだが。それは、緑色のレゴブロックを最初に選り分けておけば、落ち着いて青色のレゴブロックを探せるようになる、という発想に似ている。

彗星以外のものとしてシャルル・メシエが最初に分類したのは、かに星雲だ。現在では「メシエ天体1番」、あるいは「M1」として知られる。かに星雲は爆発した星、すなわち超新星残骸で、1054年に初めて観測された。今日では、6光年分を超える大きさのガスの雲となっている。86歳で死去するまで、メシエは彗星に間違われやすいが彗星ではない103の天体のリストを作った。その「メシエ天体」のリストはのちに増補され、いまでは110の天体があり、天文学者によってさまざまなことに活用されている。とりわけメシエ天体は、夜空の質、つまり、「地球上の任意の場所の暗さの度合い」を測るのに最適だ。アメリカのアマチュア天文家ジョン・E・ボートル（生年不詳）は、2000年代初頭、このメシエ天体を使って夜の暗さを示す指標を考案した。「ボートル・スケール」だ。これは夜空がどれだけ光害の被害を受けているかを測る1つの方法だ。このスケールには9つのクラスがあり、1が人の手の入っていない自然な空、9が大都市の中心部で見えるような星の見えないオレンジ色と灰色の空である。このスケールは、さまざまな天体や現象がどれだけ鮮明に見えるかで測られる。判定の基準となるのは、すべてのメシエ天体だが、黄道光の淡い残影と天の川も含まれる。

ボートル・スケールでクラス1や2に分類されるような、とてもよい状態の夜空では、メシエ天体33番（M33）のさんかく座銀河も含む6000ほどの星や天体が裸眼で観測できる。このさんかく座銀河は肉眼で見えるもののなかでは最も遠くにある。本当に暗い夜空では、これはさんかく座の一部として見える。天の川の隣で最も近くにある銀河かもしれないが、それでも300万光年離れている。つまり、いま私たちが見るさんかく座銀河の光は、私たちの種《しゅ》である〝ヒト〟が誕生したのと同時期に発生したものである。

ボートル・スケールでクラス4に位置づけられる星空においても、訓練された人が見れば、ほかの2000の天体のなかにM33を見つけられる。だがクラス6になると、M33はもう見えない。クラス6では、空に確認できる星は500以下になる。このクラス4から6はまさに、田園地帯から郊外の空に相当する。開発が進み、人工の光がますます明るく感じられるようになっている場所だ。4から6へと移行するにつれ、私たちの目には小さな点にしか見えない天の川の天体群はだんだんと薄まっていき、クラス7に達すると完全に見えなくなる。クラス9になると、5~10個の最も明るい部類の天体しか見えず、人工の光がクラス1の1000倍もの強さになっている。

1701年2月、前年のナルヴァの戦いでの勝利をスウェーデンが祝ったとき、文字通り火薬が惜しみなく使われた。ストックホルム大聖堂からテ・デウム（聖歌）が鳴り響くとともに、ストックホルムを囲む要所要所に設置された130の大砲が同時に祝砲を打った。夜の帳が下りると、王と兵士たちを称えるライトアップがなされた。その1つはブルンケベリ広場に建てられた、リネンで覆われた高さ82フィート（約25メートル）の木造のピラミッドで、宮廷建築家の小ニコデムス・テッシンが自身で設計したものだ。スウェーデン王カール12世やあらゆる事柄を称える高さ1ヤード（約90センチメートル）の文字が、2000を超える鯨油ランプによって光っていた。映画やテレビやネオンがなかった時代、そのような展示には壮大な迫力があった。王を称える言葉や肖像を光らせたライトアップはほかにもストックホルム周辺各所に作られた。リッダルスホルメンという名で知られる町の一角には円形劇場が建てられ、1000ものランタンで照らされた。王によるライトアップは力の誇示であり、光は今日でも同じように使われている。本書の前の部分で述べたラスベガスのルクソール・スカイ・ビームはその顕著な例である。

ラスベガスは、ボートル・スケールをたどって旅をするという作家のポール・ボガード（1966年〜）の興味深い企画の出発点である。著書『本当の夜をさがして――都市の明かりは私たちから何を奪ったのか』で彼は、ネオンの光の首都とも言えるラスベガスの地から、自然な暗闇を探す旅に出る様子を記している。ラスベガスで見えるメシエ天体はプレアデス星団のみで、月および地球から近い金星と火星以外のものはほとんどすべて、人工の光にかき消されてしまっている。天文家や科学者、そして暗闇に親しむ人々の力を借りながら、ポール・ボガードはラスベガスを出発して都市の明かりから遠ざかり、より暗い夜空と、より壮大な天体観測の体験を求めた。

最終的に彼が行き着くのは、デスバレー国立公園の一部であるユーリカ・バレーだ。そこはアメリカ大陸で最大級に暗い場所の1つである。デスバレーはアメリカ合衆国で最も暑く、乾燥し、人が少ない地域であるばかりでなく、標高の低い地域でもある。高さ1万フィート（約3キロメートル）近くの山に囲まれた谷のいくつかは、海面よりも低い。そのため、ラスベガスやカリフォルニア州の大都市に近いにもかかわらず、人工の光がよくさえぎられ、砂漠の夜空を邪魔しないのだ。そこでは地面に影ができるほど天の川の光が強く、遠い木星の光でさえも暗視視力を妨げるほど強い、とボガードは書く。このようなとき、私たちのなかの光と闇の位置づけは変わってしまう。人里離れたとても暗い空に、まばゆいばかりの黄道光や花火のような星が見える一方で、きわめて明るいはずの都市の空は暗い街角や、薄暗く怪しげな裏通りを作り出す。このように、光とは何か、暗闇とは何かという私たちの認識は、現実とうまく一致しないこともあるのだ。

聖ラウレンチオの涙

毎年、北欧の白夜が退き、暗い夜に変わり始める時期、地球はスイフト・タットル彗星の軌道を横切る。その彗星本体は133年ごとにしか見えないが、太陽を周回するその跡には粒子や塵の雲が残る。その粒子や塵は、小さなものは砂粒ほど、大きなものは巨大な岩ほどの大きさで、彗星の表面から剥離したものである。地球がこの彗星の軌道を横切るとき、その粒子が隕石や流星の群れとして観測される。時速およそ12万5000マイル（約20万キロメートル）の速さでそれらは大気圏に突入し、空気との摩擦で熱せられ、白く輝く細い筋になって夜空に見えるようになる。8月中旬の晴れた暗い夜空、この隕石の雨が最高潮に達する際には、何千という流れ星がすばやく線を描き、すぐに消える様子を観察できる。

数年前の夏、私はできるだけ邪魔の入らない形でこの流れ星を見たいと考えた。そこで私は家族と一緒に、小さな手こぎボートをできるだけきれいに磨き、毛布や掛け布団や枕を積み込んだ。そして真夜中に、スウェーデン南西部のトルケン湖にこぎ出した。そこには私たち家族の夏の別荘がある。父方の祖父から受け継いだもので、1950年代当時の健康的な生活の理想に合うように建てられた。派手な装飾をしない釣り用のコテージは心身の健康によいと祖父は主張していたが、彼は正しかったようだ。湖の眺め、暗い夕刻、波打つ水は、確かに心をリラックスさせてくれる。祖父の肘掛け椅子、コーヒーカップ、私の父が古いボートに描いた絵、浅瀬や深いところや最適な釣り場をメモしたノートがそのまま残っている。ソファの隣には手回し式蓄音機があり、薪ストーブの上には祖母が焼いた、乾燥した〝ホールカーコル〟(丸いパン)がそのまま吊るされている。

私たちは岸から少し離れたところでオールを動かす手を止め、毛布に潜り込み、ほとんど流れのない水の上をボートがゆっくりと滑るがままにした。そして空を見上げ、目を暗闇に慣れさせて、夜空が星や流星でいっぱいに見えるまで待った。その8月の夜は肌寒かったが、水温は高かったため、ボートの周りから湿気が立ち上っていた。私たちは宇宙を眺めながら、まるで雲の上にいるかのような気持ちで、湖面を流れていった。やがて最初の流星が見えるとすぐに次の流星が見え、そう時間が経たないうちに数えるのも難しくなるほど多くなった。おおよそすべての流星の白い筋の出発点はペルセウス座のところであることが見て取れる。そのため、この流星群はペルセウス座流星群と呼ばれる。それは、病人や貧者を擁護してローマの総督の前で鉄格子の上で火炙りにされた聖ラウレンチオ助祭殉教者にちなみ、「ラウレンティウスの涙」とか「聖ラウレンチオの涙」と呼ばれることもある。

流れた跡が聖ラウレンチオの涙となるスイフト・タットル彗星は、1862年にルイス・スイフト（1820〜1913年）とホレース・タットル（1837〜1923年）によって別々に発見された。その年には彗星から大きなかけらが剥離し、デブリの量が増えたと言われる。この彗星は近い将来、地球と衝突するかもしれない天体の1つであるとも言われている——危険性はあまり高くないようだが。タットルはシャルル・メシエのような精神を持った有名なコメットハンターであり、多くの天体を命名した。なかでも有名なのは、彼の名がついたテンペル・タットル彗星だ。毎年11月中頃、この彗星が通過した後にしし座流星群が見られる。しし座流星群は33年ごとに大出現が見られる。一番最近の大出現は、ミレニアム直前の1999年末だった。

私の夏の別荘がある湖岸から数ヤード（数メートル）のところに、かつては燻製小屋があった。ウナギを燻製にするために、祖父が自分で作ったものだ。彼の昔話を信じるなら、この湖にはたくさんウナギがいたという。ウナギはスウェーデンのいたるところにある小川、水路、井戸、川、湖に、昔は当たり前に見られた。だが私自身は、泳いでいるときに水底の泥のなかから驚いて飛び出してきた一度だけしか、別荘がある湖でウナギを見たことがない。自家製の燻製小屋もいまはないが、地元の漁業組合によると、トルケン湖にはまだ少しはウナギがいるという。その残っている少数を除けば、ウナギはスウェーデンの水域でますます珍しい存在になりつつある。

内陸部から海岸へ、そしてそこからサルガッソー海へと向かうウナギの旅は秋に始まる。ウナギは日が低いときに夜の闇に守られて移動を始め、いくつかの海流に乗って、スウェーデンから遠く離れた、すべてのウナギが生まれ、活動する伝説の場所に向かう。ウナギは明るい場所には姿を現さず、謎多き暗闇の生き物だと一般に考えられている。私の祖父が夏の晩におこなった釣りは、ゆっくりとした厳かなもので、儀式に近かった。重要なのはウナギやパイクパーチを捕ることではなかったのだ。流れ星を見るときも同じだ。流れる隕石そのものがいつまでも残る思い出になるのではない。暗闇のなかで何かを見つけたり、何かを学んだり、単に驚いたりできる――それを知ることが、いつまでも色あせない思い出になるのである。私の子どもたちがその子どもたちを湖に連れ出し、そのような体験をさせてあげられるような環境は、将来まで残っているだろうか。

月は1つだけ？

天文薄明が始まってから、地平線に対してさらに6度太陽が沈むと、「夜」が始まる。だが、夜は完全に暗いとは限らない。深夜になっても、とりわけ太陽の光を反射して光る月を通して、太陽はその存在を私たちに思い出させる。満月の明かりは真昼の日光の40万分の1の強さしかないが、人間が夜に周囲を把握するには十分だし、昆虫から人間まであらゆる生物に影響を与える。文化的にも、物理的にも、生態学的にも、月は歴史上ずっと、きわめて重要なものであった。

月が明るいとき、カエルは大きな声で歌わないし、トカゲや甲虫やガは夜のアバンチュールを控える。月の光に照らされると隠れられなくなってしまうので、多くの動物は月の満ち欠けに合わせて生活を組み立てている。特に、開けた場所や水辺の木や灌木の近くで狩りをする種類のコウモリは、月恐怖症を患っているようだ。おそらくは、水面近くや茂みのなかに潜む猛禽類や動物に対する先天的な恐れがあるからだろう。その他の種類のコウモリは月が明るくても通常と同じように飛ぶ。スウェーデン南部のターベリ山の鉱坑の外で夏の終わりに群れをなしたり、秋の初めに交尾のダンスをしたり、冬のすみかの下見をしたりするコウモリたちは、月の満ち欠けを気にせずにそのような営みをしているようだ。

多くの人が、月に影響を受けると主張する。特に一般的なのは不眠症だが、生理不順や不安に苦しめられるという人もいる。ヨガのインストラクターのなかには、満月の日の練習を避けるように薦めたり、講習をキャンセルしたりする人もいる。満月のせいでヨガの作用が過剰になってしまうと考えているからだ。スウェーデンの都市カールスタードの中央病院の産科病棟には、子どもが生まれた日時が記録されたボードがある。ボードには満月の日にも印がつけられている。というのも、満月の夜のほうが新月の夜よりも多く子どもが生まれるという、広く知られている言い伝えがあるからだ。ところがこのボードを見れば、それが間違いであると、はっきりわかる。実際には、月の満ち欠けに関係なく、毎日同じくらいの数の子どもが生まれているのだ。

メディアではときどき、満月によって人々が少しおかしくなり、満月の夜には警察への通報が増えると書かれることがある。月による精神異常（lunacy：ラテン語で月を意味するlunaが語源）という発想はいまでも根強く残っているし、現代の都市伝説の黒幕は月であるとされるケースも多い。だが、そのような説は研究や統計では否定されている。月の影響で狂気や事故や犯罪が発生するというのは主観的な見方にすぎず、報告を見ても満月のときの犯罪の数が多いわけではない。不眠についても、実は関係するのは月そのものではなく、光である。満月の夜に寝つきが悪いという人は、単にもっとよいカーテンを使うべきだろう。

月にまつわる迷信は現代特有の現象ではない。月は、ずっと昔から文化のなかで中心的な位置を占めていた。2008年、アンティキティラ島の機械の謎が明らかにされた。この機械は、いまから100年以上前にギリシャ沖の海底で発見された奇妙な物体だ。それは2000年前の天文暦で、その機械仕掛けは太陽の軌道、明るい星の出没時刻、月の満ち欠け、さらには日食と月食が起こる日を示すものだった。照明がない世界では、満月に近い時期を知ることに大きな価値がある。なぜなら、月明かりを利用して輸送や軍隊の工作を夜におこなえるからだ。

人類が月面で小さな一歩を踏み出し、それとともに宇宙時代の大きな一歩を踏み出してから50年以上経過したいま、ますます多くの宇宙の謎が解き明かされている。だが同時に、天体を見るという体験や天文現象は一般人からますます遠いものとなっている。そのようななか、星がほとんど見えない大都市の明るい空でも、月は依然として見え、同じ軌道を通り、先人たちが見たのと同じリズムで動いている。月はその裏側を隠し、明るい表側と、子どもの誘拐から神罰まで幅広い空想に時代を超えてインスピレーションを与えてきた斑点のみを、私たちに見せている。

日本の作家、村上春樹は三部作『1Q84』で、天にもう1つの月が浮かぶ別世界を描いている。現在、中国で進行中のプロジェクトが村上の小説にインスパイアされたのかどうか、私は何とも言えないが、もう1つの月はいまや現実のものになるかもしれない。中国南西部の成都では、大きくて高価な街灯をきっぱりと廃止しようとする計画が進行中だ。街灯の代わりに、人工の月を民間の宇宙研究所が打ち上げようとしているのである。この人工の月は1600万人の住民を抱える成都の上空を常に通るように軌道が正確にプログラムされ、夜に太陽光を反射して、街路や広場を照らすという。どこかクレイジーなこのプロジェクトは多くの人から実現可能性を怪しまれているが、2018年に英字紙『チャイナ・デイリー』は、さらに3つの人工の月の打ち上げが計画されており、年間10億ドルのエネルギー代の節約が期待されると書いた。1つの人工の月は本来の月よりも約8倍明るく、薄明時の明るさに匹敵するという。村上の小説でも描かれたように、月が増えれば夜の体験、および何百万もの人間や動植物の状態が変化するだろう。

月が見えない夜であっても、空が太陽の間接的な影響をまったく受けていないというわけではない。地球から見た太陽の年間の軌道、黄道に沿って、宇宙の塵に光線が反射して、幽玄な輝きが発生している。いわゆる黄道光だ。流星や彗星から生じたマイクロメートルサイズの粒子からなる宇宙の塵が、星空に三角形のきらめきを作り出す。新月の晴れた日には、黄道光が夜空の光の6割を占める。美術作品では、暗い舞台を照らすスポットライトのように、一定の方向を向いた円錐形として描かれることも多い。夜に歩く人の多くが黄道光を夜明けの光だと勘違いしてきたため、黄道光は偽りの夜明けとも呼ばれる。この現象を科学的に説明したのは17世紀の天文学者ジョバンニ・ドメニコ・カッシーニ（1625〜1712年）だが、現象そのものは人類が誕生した最初期から知られていた。ムハンマド本人が生きていた時代の古いイスラム教のテクストには、信心深いイスラム教徒は夜空に垂直に光る「狼の尾」、すなわち偽りの夜明けに警戒しなければならないと書かれている。日没から夜明けまでの間にしか食事をしてはいけないラマダンのときには、特にそのことを心に留めていなければならない。黄道光と違って本物の夜明けの光は水平に現れ、天空の狼の尾とはまったく異なるのだと強調されている。

だが、都市の輝く空が夜に食い込む現代では、恐れるべきは狼の尾ではなく、人間が作り出す偽りの夜明けであろう。

青の瞬間

私はスウェーデンのイェーテボリから郊外へ向かうバスに乗っていた。ほかの乗客、孤独なトラック運転手、ほかの車を運転する人たちに混じって、私も高速道路にできた長く曲がりくねった渋滞の列の一員であった。道がカーブに差しかかると、何千もの車の赤いテールランプが、紺色の空に向かって光るのが見える。反対車線には、こちら側よりはまばらだが、白いヘッドライトが絶え間なく流れていくのが見える。ライトは白く、強く光る。市街地から遠ざかるにつれて車は次第に少なくなり、車が新しいほど、カーブに沿って円を描く一本の筋のように見えた車列の光は、やがてまばらな点となる。その後、バスは幹線道路から脇道に出て、丘陵地帯にある私の住む町に向かう。町に近づくにつれ、点描画法の絵の点が散らばっているかのように、何百という黄色の小さな点がますます密になっていくが、その1つ1つを見分けることはできる。バスの窓の外はくすんだ暗闇に支配されているようで、これらの光の小さな点々が夜を害しているとは考えにくい。だが、さらに町に近づくと、光の点の数はどんどん増えていき、やがて1つ1つが見分けられなくなってくる。上を見ると、空がぼんやりと蛍光を放っている。町の中心部にあるいくつもの家が発する明かりを、雲が反射しているのだ。

私は学校のところでバスを降りた。この日は聖ルチア祭（12月13日、キリスト教の聖人、聖ルチアの聖名祝日）で、私の上空では地球上で見られるなかでは最大級に激しい流星群の1つ、ふたご座流星群が猛烈な勢いで流れていた。だが、私にはそれが見えない。駐車場の照明が空の雲を反射で光らせ、その光のなかでは雨粒しかわからないのだ。生憎な天気と光によって、その夜の魅惑的で壮大な光景は完全にさえぎられていた。ふたご座流星群は年々大規模になっているので、次の年にはもっと暗く晴れた場所でそれが見られるようにと、私は願った。

2016年の聖ルチア祭の直前には、スウェーデン北部の小さな村に招かれた。そこに行く道中、12月の太陽はボスニア湾に浮かぶ氷を照らそうと、儚い努力をしたが、すぐに沈んでしまった。北への旅は2時間かかった。スウェーデンの南部からはるばるやってくる私のような人にとっては、スウェーデン国内のフィンランド語系の方言「メアンキエリ」で書かれた地名や、固い氷に覆われた風景、および黒い空は、とてもエキゾチックに感じられる。そこに到着したときに、ちょうど雪がたくさん降り始めたので、私はまさに北極圏に触れているような気がした。

私はその村のコミュニティセンターでコウモリの夜の生活について講演するために、同地を訪れていた。それは毎年12月にその村で2週間にわたっておこなわれるナイト・フェスティバルの催しの1つだった。その祭りの間、500人ちょっとの村人たちは、暗闇を避けて引きこもる代わりに外に出て、黒い空の下で交流する。近隣や遠方から来る人、親戚、帰省してきた人、友達もその仲間に入るが、私のようにスウェーデン南部から興味本位で来た人もいる。地元のレストランではろうそくが灯され、音楽が流れて、活気があふれる。空はいつになく晴れているように感じられる。そして店、教会、家、公園の間に走るそりの轍は、たくさんの人が通るため、雪で埋まる暇もないようだ。

詩人や講演者は音楽家、芸術家、職人などと混ざり合う。あらゆる催しが、闇と夜を享受しようという精神でおこなわれる。スウェーデン北部の人々は、夏を想って悲しむことはない。冬は厳しいかもしれないが、人々の魂の一部でもある。

昼間も太陽が昇らない現象は極夜と呼ばれる。フィンランド語では、このずっと続く暗闇、長く終わりのない夜を〝カーモス〟と言う。その響きはどこか暗く、陰鬱だが、〝カーモス〟の時期には平穏も訪れる。この時期にできることはそう多くはない。（いまはともかく、昔は多くなかった）。そのため、ただ何もしないでいたり、眠ったり、哲学的な考えにふけったり、会話に興じたりすることが許されてきた。

〝カーモス〟は植物でたとえるなら、春に光に向かって再び伸びるための冬眠期間だ。といっても、長い極夜は実際には真っ暗というわけではない。まるで遠くのクリスマスのイルミネーションのように、星が空一面で光っているし、天然のネオンとレーザーのショーである北極光も時折発生し、脈打つように緑や紫に輝く。私は一度、北極光を見たことがある。比較的弱かったが、それでもしっかりと見えたので驚いた。スウェーデンの最北端の地域の海岸沿いの高台で夜中に見張りに立ち、暗闇を見つめていたときのことだ。それは軍隊で勤務していたときにおこなった数々の野外演習の1つだった。早朝、ゆっくりと脈打つ光が水平線上に突然浮かび上がったのだ。

端のほうの緑と淡い紫が強まったり弱まったりしながら、北極光は私の上で透き通るカーテンのように現れ、スローモーションでかすかにちらついた。もし私がその前の1時間、下の真っ暗闇を見張り続けていなかったら、この目をみはるような光景は見えなかっただろう。見張りをしている間に、私の暗視視力が整い、ロドプシンが組み上がって網膜が弱い光に反応できるようになる余裕があったのだ。自分が北極光、すなわちオーロラを目の前にしていると理解できるまで少し時間がかかった。このとき見た弱い北極光からは、もっと壮大な北極光がどのようなものか、かすかな予感しか得られなかったが、それでも迫力があったことは鮮明に覚えている。

北極寄りでは北極光、南極寄りでは南極光と呼ばれる極光は、太陽風が地球の大気圏の、高度およそ100キロメートルのところに到達すると発生する。荷電粒子である電子が、極点で楕円形になりながら、地球の磁場に動かされつつ地球に向かって落ちてくる。北の高緯度の地域ではこれをオーロラオーバルと呼ぶ。太陽の活動が活発で、太陽風の電子の流れが温かいほど、極点から遠い場所でもこの光が見えるようになる。だが通常、北極光が見えるのは、スカンジナビア最北部、カナダ北部、およびシベリアの、暗い冬の夜においてだ。バイキングの物語では、オーロラとは、ラグナロクの準備を進めるオーディンのもとに戦士を導いている、ヴァルキューレの鎧に反射する光だとされている。

ごく稀に、スウェーデン南部でも都市から離れたところで北極光が見える。だが、踊る電子の風がその美しいショーを見せてくれるためには、濃い暗闇がなくてはならない。くすんだ黄色の都会の空の下では、何が起こっているか、実際に自分の目で見ることはできない。知識として知るだけで我慢しなくてはならないのだ。

極地の暗闇は一色ではなく、ほかにも微妙なニュアンスが見られる。とりわけ午後には、かすかにフィルターがかかったように、風景一面に青みが加わる。そのとき南には、隠れた太陽のかすかな赤色が見えるだろう。そして北側の闇は、黒というよりは深い青色だ。真昼にはこの青い光が辺りを支配し、雪でさえもエドヴァルド・ムンク（1863〜1944年）が描いたように見える。〝カーモス〟はこの真昼の青の瞬間を頂点とする、青に包まれる数時間と同義になっている。その瞬間には、まるで全風景がプールに沈められたかと思うと、また突然引き出されるような感覚になる。この短い青の瞬間は冬特有の薄明であり、北極圏の境界地域で、とりわけ冬至の前にしか体験できない。そして私が身をもって学んだように、闇夜をのぞき込みたいと望まなければ、そこにある神秘的で美しい光を見ることはできないのだ。

黄褐色の空

1994年に地震が起こった後、ロサンゼルスは大規模な停電に見舞われた。街の各所が暗くなり、屋根の上にはいくつもの星が現れた。現地の災害対策本部にはこのとき、上空に現れた奇妙な光を見て不安に思った人々からの通報が何件もあったという。その光は実は天の川で、何十年もの間、ロサンゼルスでは見えなくなっていたのだった。この逸話は少し誇張されているようだが、今日の都市住民にとって本来の星を見ることがいかに奇妙な体験となってしまっているかを示す話として、天文学者に好んで語られる。実際に通報が何件あったのかはわからない。しかし、グリフィス天文台の所長はその晩、問い合わせの電話に数回応対したという。

グリフィス天文台はロサンゼルスのグリフィス公園内にある。この公園はニューヨークのセントラルパークに似ているが、そこよりは少し自然が豊かだ。天文台では天文学のさまざまな事柄についての展示がおこなわれ、多くの人が訪れる。ロサンゼルスで星がまともに見えなくなってから大分経つものの、1935年以来700万人もの人々がそこにあるツァイス社製望遠鏡の接眼レンズをのぞいた。都市の明かりがあっても、月面や地球の近隣の惑星、および特に明るい天体は見ることができる。

イェーテボリにあるスロッツコーゲン天文台は、1929年以来、天空のパノラマを観察している。そして1980年代にハレー彗星がスウェーデンに一時的な天文ブームを巻き起こした際に拡張されて現在に至る。最近では、イェーテボリ天文クラブが定期的に天文台の簡易キッチンに集まって軽食をともにし、暗い展示ホールには古くからあるプラネタリウムが輝いている。天文台の屋根が横に開いて望遠鏡が起動されるときには、いまでもちょっとした祝賀ムードに包まれる。都会の空は以前ほど暗くないが、屋根が開いて望遠鏡のレンズが未知の世界へと伸びる様子は感動的だ。天井からゆっくりと闇が降りてきて、やがて望遠鏡が設置されている部屋全体を占領する。このとき、天文台は宇宙と一体になる。

ハレー彗星は76年に一度、つまり人の一生に一度現れるもので、次は2061年に現れる見込みだ。問題は、宇宙で新たに起こる興味深い現象を目撃できるような天文台が、そのときまでイェーテボリに残っているかどうかだ。大都市の上空に燃えるような黄色いもやがかかり、アンドロメダ銀河や多くの星が見られなくなって久しい。ヨーロッパで日常的に天の川を目にするのは5人に1人だし、北アメリカとヨーロッパでは99%（すなわちほぼ全員）の人が、人工の光に汚染された夜空の下で暮らしている。本当の暗闇や星空がどのようなものか知っている人はほとんどいない。ほんの数世代前までは、夜が人類にとって当たり前の存在だったとは、いまではほとんど信じがたいほどだ。

フィンセント・ファン・ゴッホ（1853〜1890年）の絵画『星月夜』は、歴史上最も有名な、夜空を生き生きと描いた作品と言えるだろう。この絵が描かれたのは電灯が街の景色を乗っ取る直前、星が花火のように煌く自然の夜が公共の財産だった時代だ。ファン・ゴッホがサン・レミ・ド・プロヴァンスのサナトリウムに確かに入院していたという事実を考えると特に、その絵にある青と黄色で描かれた渦を巻くような星は、カオスや狂気と解釈されやすいかもしれない。芸術家の御多分に洩れず、彼はいわゆる黒胆汁、つまり創造力のある人間がなりやすい憂鬱状態に苦しめられていた。アリストテレスが芸術家、哲学者、詩人の気質として挙げたメランコリーだ。芸術家には先天的に暗い面があるという迷信の歴史は長い。療養のため、ゴッホは南フランスのサナトリウムで1年間過ごしたが、そこで多くの有名な作品を描いた。『星月夜』はそのうち、夜をモチーフにしたいくつもの作品の1つにすぎない。これはゴッホの内面の闇の表明かもしれないが、電灯の登場前の夜空が生き生きと、また混沌としたものとして人々に受け止められていたという証拠でしかないのかもしれない。

私の出身地スウェーデンで、夜を描いた芸術家のなかで最も有名なのは、ウジェーヌ・ヤンソン（1862~1915年）だろう。その作品には、電気が飛躍的進歩を遂げる直前、まだ少数の通りしか照らされていなかった時代のストックホルムの夜が描かれている。歴史のなかのこのほんの少しの期間には、古いものと新しいものが出会っていた。ヤンソンの作品には、紺色の風景とともにガス灯の光が水面に反射する様子を描いたものがよく見られる。ガス灯も、ストックホルムの街から姿を消して久しい。

ロンドンでは、いまでも1500本のガス灯が明かりを灯している。これは諸聖人の日（11月1日）から聖燭祭（2月2日）までの期間、街灯を灯すことが義務であった時代の名残りだ。純粋に美しい景観のため、および、過去を偲ぶために、バッキンガム宮殿からザ・マルを通ってコヴェント・ガーデンに至る道では毎晩、古い街灯が点灯される。現役の街灯で一番古いのは18世紀末のものだ。1976年まで、ガス灯は長さ8フィート（約2・4メートル）の真鍮の棒の先につけた火を使って、人の手で点灯されていたが、現在では自動で点灯する。ガス灯を稼働し続けるのには手間がかかる。その仄暗い質素な輝きがたそがれ時をしっかり照らし続けるようにするため、2週間ごとに点検と調整が必要だ。ガス灯は主にヴィクトリア朝時代のもので、その後すぐに電灯がとって代わったが、その遺産はロンドンでは守られている。イギリス王室は特にこの遺産を重視している。バッキンガム宮殿の周囲に現在でも電灯ではなくガス灯があるのは、それが理由だ。

電気は人類史上、最大級に革新的な発見であり、生活を根本から変えた。トーマス・アルバ・エジソン（1847〜1931年）が1880年に市販の電球の特許を取ったとき、人類の歴史は新たな時代に入った。聖書の「光あれ」を人間の手で実行できる時代、あるいは19世紀末のストックホルムのブランキズ・カフェのポスターの宣伝文の通り、「夜も電灯で明るい」時代になったのである。

産業の光

私の曽祖父であり、私が名前をもらったヨハン・エクレフは、短いガス灯全盛期、およびスウェーデンが産業国家として発展した時代を生きた。彼は現在はティーダホルムとなっている南スウェーデンの市に生まれた。そこはティダン川に近く、勢いよく流れる豊かな水があったので、工場の建設に適していた。彼の祖先は、私が1990年代に化石を探したカンブリア紀の黒い頁岩がある採石場で働いていた。同地には18世紀から製粉所が建っていたが、さらには製材所、染料工場、羊毛工場も建った。ヨハン・エクレフは1878年、わずか12歳のときにそこの毛糸紡績工場で働き始めた。毎朝6時に仕事を始めて、夜の8時に仕事を終える毎日だったという。秋の繁忙期には10時まで仕事が続いた。冬は暖房に火を入れるため、普段より早い5時頃に出勤しなければならなかった。工場は光と闇、季節、睡眠のサイクルとは関係なしに回っていた。工場のなかは常に暗かった。ヨハンは光や太陽の自然なリズムが恋しかったので、日曜日になるとティーダホルムや近隣の町に遊びに出かけ、社交やアコーディオンの音楽を楽しんだようだ。

20年後、彼は出世し、その地区の新たな綿打・織物工場における紡績の親方という称号を得た。といっても、それほど特権はなかった。確かに、給料は月に100クローネで、かなり高いほうだったが、私の祖父を妊娠中のイェニーと結婚式を挙げるために休みを取ろうとしたところ、雇い主に認められなかったということもあった。その日は給料日で、ヨハンしかその業務を処理できる人がいなかったため、式を1週間延期せざるを得なかったのだ。

親方になったばかりの頃、電灯はヨハンにとっても身近なものとなった。1895年、国内のほかの場所に比べたら早い時期に、彼の工場に最初の電線が通された。それより前は、事務所も作業場も石油ランプで照らされていたが、空気中の埃によってそのほのかな光はさらに弱まるばかりだった。

新しい電灯は高価だったので、ろうそく16本分より明るくすることは禁じられていた。この基準は今日のスウェーデンの労働環境監督機関の推奨する明るさに及ばない。私たちから見れば、当時明るいと思われた工場も暗く感じるだろう。1940年代末、曽祖父は20世紀に入る頃の織物産業でどういう働き方がされていたか、ある新聞のインタビューで尋ねられている。とりわけ彼が強調したのは、照明についてだ。「今日の工場に当時のような照明しかないとしたら、安全衛生代表のような人は何と言うだろうね?」

だがそのとき、変化は始まったばかりだった。そこから人類は少しずつ、昼と夜が一体になる世界を作り上げていったのだ。やがて、労働条件の改善とともに、他業種もこの変化に続いた。店の営業時間は長くなり、娯楽の幅が広がり、拡大する繁華街には店頭の照明やテレビの光までもがあふれ、ガ（蛾）のように人々は街に引き寄せられた。未来は明るい、あるいは少なくとも、明るさこそが未来だと言えた。暗闇を打ち倒すという人類の夢が叶えられようとしており、光は害かもしれないと考える人はほとんどいなかった。反対に、どの家庭にも「勤勉さ」を象徴する明かりを灯すことで、私たちはすべてを得られたのだ。

産業化前の社会では、夜は1日のなかで悪の時間だと思われており、暗闇のなかにはあらゆる悪魔的なものが潜んでいた。それでも、暗闇の擁護者は常に存在した。ヨーロッパの学識ある聖職者のなかには、神が夜を望んで作ったのだから、夜は昼と同様に神聖であると考える人もいた。人間は夜間に陰のなかに出ていくのではなく、家にとどまり、祈り、自らの義務を果たすべきだというわけだ。1662年にロンドンの聖職者はこう言ったと伝えられている。「我々は昼を夜にすることも、夜を昼にすることも望まない」

啓蒙主義の時代、作家のジャン＝ジャック・ルソー（1712〜1778年）は、神は街路を明るく照らす許可を私たちに与えていないと書いた。ルソーは啓蒙主義の理想を強く批判する立場から、過度に人工的な世界のなかで人間は魂を失ってしまう危険があると考えたのだ。19世紀にパリやロンドンで活動した天文学者たちも、自然な暗闇を擁護した。黄道光や弱い光の星が、ガス灯に照らされた都市のスモッグによって見えなくなったことに気づいたからだ。その人たちに賛同したのは、自説を強く訴えることで知られたアウグスト・ストリンドベリ（1849～1912年）だ。彼は電灯の導入をよく思っていなかった。1884年、スイス在住時にストリンドベリは「On the General Dissatisfaction, Its Causes and Cures（不満一般、その原因、および治療法について）」という文章を書いた。そのなかで彼は、近代の発明や進歩が社会的エリート以外のためにあると信じ込む人たちを取り上げた。そして彼は、電灯は一般の労働者をもっと長く働かせるための方策にすぎないと主張した。それに加えて、電灯は目にまったくよくないとも指摘した。「電話、消費者団体、賃上げ、油絵、より簡単なコミュニケーションについてしきりに語られ、銀行（破綻しなかったもの）、慈善事業（偽善的な敬虔さと屈辱を伴う）、電灯（目を破壊し、労働者の勤務時間を長くする）が進歩の証拠として挙げられる。だがこれらすべては、改善への熱狂的な探求が虚しいものであることを示している」

電灯は政治的なものだと言うストリンドベリは、部分的には正しかった。電灯の導入は効率化を進める方法であったが、同時に、18世紀にろうそくを使って印象的なライトアップがおこなわれたのと同じように、強さを誇示する方法でもあったのだ。電灯の光は富と権力のイメージを映し出せる。光をもって暗闇が駆逐され、一般の人の日常生活が変化する。工場のなかに仕事が囲い込まれ、工場の周辺には街が発展していく。そしてその街は決して眠らないのだ。

時計が止まるとき

現代の熱帯地方の大都市を遠くから見ると、午後6時頃に太陽の光が中心街に吸い取られるような印象を受ける。都市の周囲に暗闇が降りてくると、都市が四方八方に光を放ち始める。まるで太陽が地平線の下に沈んだのではなく、都市の中心にとどまっているかのようだ。都市にある、数え切れないほど多くの光が合わさって、周辺の夜に対して光るバリアを張っているように見える。

スウェーデン北部のように、季節の違いがはっきりしている、もっと高緯度の地域では、夏の間はこれと同じような光と闇のコントラストは見られない。夜明けまでたそがれが続くようで、街の光はあまり目立たずに、薄暗い空間に広がっている。しかし冬が近づくと、この地でも熱帯と同じような現象が見られる。北では、雪が常に北極光、星の光、月の光を反射し、冬の短い日々を明るく照らしてきた。今日では、雪は街灯や車のヘッドライトなどの光も反射する。ドイツでは、この度合いを測る研究がおこなわれた。ベルリン郊外、ラトビアのバルト海沿岸、フィンランドの北極圏など、世界中のいくつかの場所が比較された結果、雪に覆われた通りは、雪も人工の光もない場所よりも33%強い明るさで空を照らすことがわかった。曇っていると、人工の光は再び地面にはね返ってくるため、市内では毎晩月が2つ出ているような明るさが感じられる。光ができるだけ散らないように下に向けられ、上部に覆いがされた照明は、地面に雪が積もっているときには逆効果になる。

私の故郷イェーテボリのような、もう少し南の場所では、積もった深さよりも降る時間の長さで雪の度合いが判断されると言える。冬、私たちはセピア色の道を、まるで後から彩色されたぼやけた写真のなかにいる人物のように歩いていく。黄色い街灯が小さな水滴にも反射してオレンジ色の霧を作る頃は、ちょうどリセベリ遊園地がそれとおそろいの色のカボチャで飾られる時期だ。霧のかかったスウェーデン西海岸の冬、ずっと続く暗さのせいで憂鬱になると言う人は多い。また、罪悪感なしに毛布のなかに逃げられる機会だからこの季節が好きだと言う人もいる。だが私は、このくすんだ黄色の陰の代わりに、街に本物の暗闇が訪れたとしたら、住民はどんな反応をするだろう、とどうしても考えてしまう。私たちの気分はいまよりよくなるだろうか？　それとも悪くなるだろうか？

春が始まろうとする頃、イェーテボリ（そしておそらくはスウェーデンのどこでも）では、外から来た人たちに注目される、独特な現象が起こる。南向きの壁沿いにあるバス停、路上、広場などで、人々は立ち止まり、空を見上げ、しばらく静かに立ち尽くす。宗教儀式のようにも見えるが、彼らが探しているのは一神教の神ではなく、神々のなかでも最も古くから存在する、太陽だ。太陽光線が私たちの肌に当たると、体内でビタミンDが生成される。それはとりわけカルシウムの吸収を助け、骨を強める効果がある。長い間、暗闇のなかにいる人は自然なビタミンDが不足する恐れがあるため、本能的に太陽のほうを向くようになっているのかもしれない。化学的に、私たちの身体は強い日光を必要としている。

日中の太陽からの明るい青と紫の光線は、ビタミンDの生成を促進するだけではない。私たちの網膜に朝日が当たると、光子の群れが視交叉上核の神経に信号を送る。ここは概日リズムを司る脳の結節点だ。ここから、とりわけ体の睡眠ホルモンであるメラトニンを分泌する松果腺《しょうかせん》に指令が送られる。メラトニンは血液や脊髄液を通じて細胞に運ばれる。日光はメラトニンの量を抑えるため、私たちは活発で覚醒した状態になる。自然な外からの光が弱まったり、その色が変わったりすると、メラトニンの量は増える。人間は、ほかの動植物と同様に、光の種類に応じて反応が変わる。青い光は昼とみなされ、赤い光は夕方とみなされる。実際はもっと複雑だが、とりわけ、青みがかかった日光は、光に反応するたんぱく質のクリプトクロムを介して体内時計をリセットし、1日の始まりを知らせてくれるのである。

私たちの体内にプログラムされた食事と睡眠の時計もまた、約24時間を1日とするサイクルに従っている。しかし厳密には、私たちの大部分は24時間よりも約15分長いサイクルで動いている。そのため、体内時計が制約なく動いた場合、私たちの1日はだんだんずれていく。これは長い間ずっと暗いところにいる人や、完全に目が見えない人が経験することだ。そのため、目の見えない人は睡眠障害を発症したり、体が自然な休息に入る時間が15分ずつ後ろにずれていくため、社会のリズムに合わせるのが難しかったりする。15分長いサイクルを放置すると、いつの間にか夜中にも目が冴えている状態になるのだ。24時間より短いサイクルの人もいる。これは典型的な朝型の人だ。

多くの動物にとっては、1日の時間帯に適応することに加え、冬眠や春の訪れの準備をすることも大切だ。ここでもメラトニンが重要な役割を果たす。メラトニンの分泌量が多い時間が長いと冬であり、この睡眠ホルモンの分泌時間が短くなっていくにつれ、日が長く、明るくなっていると認識される。そうして動物は、冬とはまったく状況が異なる春の到来を知る。

日没から真夜中にかけて、睡眠ホルモンの量は着々と増え、体内でさまざまな反応を誘発する。私たちは疲れを感じ、体は夜の眠り、脳の回復、昼間受け取ったことの処理の準備をする。体温が下がり、代謝が落ち、食欲がなくなる。食欲がなくなるのは、メラトニンがレプチンという別のホルモンの分泌を誘発するからだ。レプチンはエネルギー貯蔵量とその使用方法を調整する。夜中にレプチンの量は増え、日の出後は減少する。レプチンはメラトニンの波に従って、リズミカルかつ規則正しく食欲を調節する。これは原始の人類にとっては特に重要だった。エネルギーを節約しなければならず、夜中に食べ物を探しに出られなかったからだ。

朝になって初めて、体が「そろそろ食べる時間だ」と教えてくれたのだ。

15〜29歳の人の8割以上が寝室に携帯電話を持ち込む。寝る直前に私たちは、アラームをセットし、ソーシャルメディアやメールを読み、ネットサーフィンをする。その前には、テレビやコンピューターの画面の前で数時間過ごし、明るい、白いタイルのバスルームにも入る。満腹感をもたらすホルモンのレプチンがしっかり出ていなかったため、夜食を食べる場合もあるかもしれない。ようやくすべての画面や光を消して目を閉じても、窓の外の街灯の光が感じられる。外を走る車のライトが時折、部屋のなかまで照らしたり、隣家の庭の照明の光がカーテンの隙間から入ってきたりするかもしれない。どんな光でも、晩に私たちが浴びる光は、夕暮れにどっと押し寄せ、朝になると引いていくメラトニンの自然な波の邪魔になっているのだ。一番よくないのは、日中の光に最も似ているブルーライトだが、ほかの光でも影響はある。

ハーバード大学の研究では、わずか8ルクスの電球でも十分、私たちのメラトニンのサイクルを妨げることがわかっている。8ルクスは市民薄明の明るさと同等だ。メラトニンが妨げられると、適切な時刻に眠くなくなり、脳や体の活動が落ち着かなくなり、代謝も落ちず、よくないタイミングで空腹になる。睡眠の質も低下する。そこまで驚くべき話ではないだろうけれども——。

病気をもたらす過剰な光

睡眠の質が低いと、心身に大きな悪影響を及ぼす——これはよく知られていることだ。小さな子どもの世話をする人、夜勤をする人、いくつものタイムゾーンをまたいで飛び回る人、夜通しパーティをする人は、そのことを実体験として証言できるだろう。疲労がとても大きくなるが、通常の場合なら対処できる。一晩よく眠れば、体調は一新されるのだ。ところが、睡眠の問題が繰り返されると、長期的なストレスやうつ、精神的な疾患に発展する可能性がある。ストレスと乱れた睡眠がセットになると、体は負のサイクルに入ってしまい、何となく憂鬱な状態が続くようになる。今日、何千万人もの人が何らかの種類の抗うつ剤を服用しており、うつ病は公衆衛生上の危機になっている。電灯を消したからといって、一気にうつ病を治せたり予防できたりするわけではない。しかし長期的には、電灯の削減によって、良質な睡眠を得られる機会は確実に増えるだろう。

良質な睡眠のためにはさまざまな工夫が考えられる。自然な光が体内時計を調整してくれる環境下で眠ることを好む人もいれば、眠っている間はできるだけ暗いほうがよいと思う人もいる。

いずれにせよ重要なのは、昼には青い光、夕方には赤い光という具合に、光が１日のサイクルに応じて周期的に変化し、メラトニンの波の満ち引きが一定のリズムで起こるようにすることだ。

ストレス、うつ、睡眠障害に加えて、肥満がいま、世界的な健康問題である。肥満にはさまざまな要因があるが、その1つはレプチンの量が常に少ないことだ。これはメラトニンのサイクルの乱れの必然的な結果である。簡単に言ってしまえば、光に当たると太るのだ。だがそれだけではない。メラトニンは私たちの免疫システムにおいて大切な別のホルモンやプロセスを左右してもいる。デンマークの研究者ヨニ・ハンセン（生年不詳）は20年前、7000人の乳がん患者の女性を調査し、重要な結論を導き出した。夜に働くと、腫瘍が形成されるリスクが高まるのだ。ハンセンの研究は何度も再現された。看護師、飛行機の乗務員、夜シフトの工場労働者など、ほかの人よりも夜に起きていることが多い人たちは、がんになるリスクが高い。特に、乳がんや前立腺がんといった、ホルモン依存性のがんでこの傾向があった。世界保健機関（WHO）は、夜勤がもたらすがんのリスクは喫煙と同等だとしている。

因果関係は単純ではないものの、この傾向は部分的には、夜間の照明が原因だと説明できる。メラトニンや付随するほかのホルモンは腫瘍の抑制に寄与するため、生物時計が乱れてメラトニンの波が夜間に起こらないと、そのプラスの効果がなくなるのだ。

イスラエルの研究チームは、病気の発生率と、波長が短いブルーライトの夜間の量との間に関連性があることを確認した。イスラエルで最も光害が激しい地域では、乳がんのようなホルモン依存性がんの発生率が相対的に高かった一方で、肺がんなどの別のがんの発生率はほかの地域と変わらなかった。光が私たち人間にどのような悪影響を与えるか、そして、睡眠サイクルの乱れがさまざまな健康問題をどれだけ引き起こすかは、まだ完全には明らかになっていない。けれども、夜に働く労働者はそうでない人よりも確実にリスクが高い。といっても、現代社会で夜の仕事を完全になくすのは難しい。社会の主要な機能が動くかどうかは、24時間体制でスタッフを確保できるかどうかにかかっているからだ。本書ですでに取り上げた、満月の日と出産件数が記されたカレンダーを掲示するカールスタードの中央病院は、環境を改善するために、多額の資金を投じて最新の照明装置を導入した。その照明は1日の時間帯に応じた自然の光を真似るようにできている。昼間は、青い波長を多く含む白っぽい光を放つ。夕方遅い時間になるにつれ、自然の日没と同じように、青い光は弱まり、赤い光がとって代わる。光の強さも変化する。朝は夜明けのようなかすかな光から始まり、昼にかけてゆっくりと強まっていく。そして午後からは再び、だんだん弱まっていく。夜間の照明は、その病院の内部の各場所で何がおこなわれるかによって違う。明るい照明が必要ない場所では、単に消灯される。スタッフの業務のために明かりがつけられている場所でも、その光からは青色が完全にカットされている。照明はあらかじめプログラムされているが、必要に応じて調整もできる。この照明の導入後、患者も、休憩に入るスタッフも、よく眠れるようになったそうだ。ほかの場所にも広まりつつある、このカールスタードのような照明装置の使用例からは、光の強さや色を調節すれば、光と闇、両方の需要に応えられることがわかる。このような技術を、人工の照明が人間の健康を害してしまうような環境に、もっと移植していかなければならない。

第4部

陰翳礼讃

魂を慰める暗闇

暗闇について書かれているはずの本に、光の話題ばかり出てくるではないか、と思う読者もいるかもしれない。執筆中に私も同じことを自問した。だが、私がこれまでに出会った、暗闇に関するさまざまな文章において、暗闇は光によって定義されていた。暗闇とは単に「光がないこと」とみなされている。沈黙が「音がないこと」と定義されるのと同様だ。そのように考えると、暗闇とは一種の基本状態で、目に見える光が現れた時点で暗闇が終わるとも考えられる。

私もこのような定義をところどころでおこなってきたので、後ろめたい気持ちもある。だが私は、暗闇には独立した価値があると考える。本来なら、暗闇は私たちの感覚において、暗闇は光と同じくらい具体的な体験として認められるはずなのだ。暗闇は私たちに忍び寄ることも、私たちを包み込むこともあるし、それが安らぎにも恐怖にもなりうる。まったく光のない部屋にいるときに私たちは、単に「暗い」と形容するのではなく、「真っ暗」とか「漆黒」と表現するだろう。部屋にろうそくの明かりが灯っているとき、特に「明るい」とは言わずに「暗い」とか、少なくとも「薄暗い」と表現するのと同様である。定義上、ろうそくの明かりは光と判断されるはずだが、暗闇寄りの体験として認識されるというわけだ。暗闇は深く、侵略的な形で私たちのもとに舞い降りてくることもある。まるで暗闇が私たちの存在を脅かすかのように、「暗闇が押し寄せてくる」とも言う。感情的にも、言葉の上でも、暗闇は実態的で具体的な形をとっているのだ。完全に明るい状態と完全に暗い状態の中間を表す形容詞としては、「obscure（薄暗い、どんよりとした）」や「murky（暗い、陰気な）」といった言葉が用いられる。文字通りの意味であることもあるが、哲学的・比喩的な意味に寄っている場合も多い。ジャーナリストのオーケ・ルンドクヴィスト（1940年～）はかつてこう書いた。「暗闇とは、光がないことではない。光のほうが、薄められた闇なのだ。光の速さについては、しばしば驚嘆をもって語られる。対して、暗闇の速度はゆっくりだ。暗闇は優しく、静かに、魂の慰めとしてやってくる」

かくして、暗闇にも独自の権利があると、私は考えるのである。といっても、依然として光よりも定義が難しいことは確かだ。特に、光を対極に置かずに暗闇を語るのは困難だ。私たちが生きる世界においては、光と闇は永遠に結びついているように見えるため、暗闇について論じる本では光の話も必ずしなければならず、とりわけ光と闇の相互作用について語らねばならないのだ。光がなければ闇もなく、闇もなければ光もない――そのように思われているのだから。

多くの神話では、まさにこの光と闇の関係が重要な役割を果たす。この2つは一体だが、対極にあるものだ。詩人のヨハン・スタグネリウス（1793～1823年）は、夜は昼の母であると書いた。これは北欧神話の女神ノート（「夜」を意味する）がダグ（「昼」を意味する）、ヨルズ（「大地」を意味する）、ソール（「太陽」を意味する）、マーニ（「月」を意味する）の母親だったことを指している。世界中にある創世の物語の多くは、闇と夜が原初のカオスを象徴し、昼と光が生命とその起源を象徴する。太陽神が現れ、母なる大地が形作られるという流れだ。キリスト教の聖書にもそれが見られる。

初めに、神は天地を創造された。地は混沌であって、闇が深淵の面にあり、神の霊が水の面を動いていた。神は言われた。「光あれ」。こうして、光があった。神は光を見て、良しとされた。神は光と闇を分け、光を昼と呼び、闇を夜と呼ばれた。夕べがあり、朝があった。第一の日である。（創世記１：１～５、新共同訳聖書）

神は光を呼びさましたのみならず、神自身が光、そして世界に存在するあらゆる善きものなのである。神の居所である教会では、夜明け、すなわち夜が打ち負かされる時間の象徴としてオス鶏が君臨する。闇は光の純然たる対極であり、神と対立する悪魔、死、無知、そして世界に存在するあらゆる絶望である。少しペシミストの気があった預言者イザヤは、神のいない生とはどのようなものかを説いている。彼が語るのはとりわけ「苦難と闇、暗黒と苦悩、暗闇と追放」（イザヤ書8：22、新共同訳聖書）だ。

文字通りの意味でも神学的な意味でも、光がなければ人は盲目になると言われる。神が象徴する光を信じることでのみ、私たちは闇から抜け出し、誘惑に抗い、悪から逃れられるという。このような考え方は、私たちの闇に対する見方を形作ってきた。最近では2020年4月、教皇フランシスコ（1936年～）が、罪業のなかに生きるとはコウモリのようなものだ、と書いている。光がその人の見たくないものをあらわにするから、その人は暗闇にとどまろうとする。そして目が闇に慣れてしまうと、光を認識できなくなるという。キリスト教の光および闇の象徴性はこのように、非常に根強く生き続けている。

フィレンツェにある壮大なラウレンツィアーナ図書館では、ミケランジェロが作ったコウモリの彫刻が暗い階段の入り口に鎮座している。廊下が暗いのは意図的にそう設計されているからで、利用者は本にたどりついて初めて光という報酬も得られるようになっている。本を得る前の人は無学で、光や知識を見分けられないコウモリのような存在というわけだ。ところが今日、ここを訪れる人は、このよく考えられた仕掛けを体験できない。警備のために階段に照明が設置されているからだ。コウモリの像は、まだそこに残っているけれども。

フィレンツェのこの図書館は、教皇クレメンス7世（1478～1534年）の命で16世紀に建てられた。彼は、数百年にわたってフィレンツェの商業と政治を支配した、強力なメディチ家の出身だ。メディチ家といえば、とりわけ、ヨーロッパとまったく異なる習慣や文化を持つ中国との関係を築いたことで知られる。中国ではコウモリは不気味なものではまったくなく、無学の象徴でもなかった。幸福、富、長寿のシンボルだったのだ。メディチ家礼拝堂の外にあるロレンツォ2世・デ・メディチ（1492〜1519年）の像（これもミケランジェロ作だ）をよく見ると、膝の上にコウモリが入った小箱を乗せているのがわかる。これはコウモリを縁起のよいものとする中国の伝承の影響である。

中国では伝統的に、闇と光は1つの総体のなかでバランスをとる2つの力であるとみなされる。光は闇から生まれ、闇は毎晩光を再び飲み込む。これも、一方の対極が他方に依存するという構図の緩やかな一形式だ。北欧の神話では、秋になると冥界の闇が地上を支配するが、その闇はまた、春には新鮮な土地に生命をもたらす。神の交替にたとえられるこのようなサイクルは、さまざまな宗教に見られる。近代に至るまで、そのリズムに人間は従ってきた。だが光害がゆっくりと、しかし確実に、暗闇の到来とそれがもたらす強制的な休息を邪魔し始めている。毎朝、あるいは毎春起こる生命の再生という魔力の一部は、失われてしまったのだ。

陰翳礼讃

1930年代、日本の作家、谷崎潤一郎(1886〜1965年)が『陰翳礼讃』を出版した。その頃、世界の大都市ではネオンの時代が始まっていた。街の風景は色とりどりの広告で満たされ、輝くイルミネーションを作ることに人々が情熱を燃やし始めた時期だ。谷崎はこれを憂慮した。日本には独自の建築の精神に則った長い文化的歴史があるのに、都市では西洋の影響がますます見られるようになっていたのだ。現在と比べたら、当時の都市の風景は大きく違う。当時の都市の夜は比較的暗かった。だが谷崎は、建築の歴史に根づくさまざまな細部への傾注や効果が駆逐されつつあり、あらゆる繊細な印象が1つの大きな灰色の塊として片づけられてしまっていると考えたのだ。

この短い随筆『陰翳礼讃』は特に建築の世界では必読書となり、谷崎は60年代にスウェーデン・アカデミーのメンバーだったハリー・マーティンソンによって、ノーベル文学賞に推薦されている。谷崎の思想は、照明デザインの思想の基にもなった。その思想を取り入れ、東京の六本木ヒルズではすべての照明を消すという取り組みもおこなわれている。この区域の照明は一から新たに設計されたものだ。光量を抑え、街灯柱を少なく、低くし、建物正面は柔らかな光で照らし、心地よい光を放つアート作品を置くなどの工夫が見られる。目は、視界のなかで最も明るい点に焦点を合わせるので、その明るい点の周囲はさらに暗く見えるものだ。つまり、ある区画に照明やスポットライトが1つでもあると、目はその明るさに調節される。網膜の錐体細胞が昼間のように活動し、桿体細胞は活動せず、暗視視力は効かなくなる。強い光の周囲は真っ黒になり、その光がなかったときよりも暗く見える。たった1つの明るい光で、目をだませてしまうのだ。

六本木ヒルズでは暗闇をできるだけ維持しようという努力がされており、強くない、さまざまな種類の光を使って周囲を見えやすく、安心できる場所にしている。まぶしすぎる光がないと、街の見え方も変わる。ビルの輪郭も、黄色いもやに消えてしまわずに、はっきりと見えるようになるのだ。照明にフィルターがかけられたり、光が適切に反射するような光源の配置になっていたり、敢えて暗くされていたりする。そこでは影も生き生きとしており、その淡い色彩のスケール全体に命が吹き込まれるかのような、親しみやすく魅力的な暗闇を作り出している。

さまざまな素材における、ほとんどわからないほどの細かな質感や古つやといった微妙なディテールや影こそが、全体を構成する重要な要素である——このような、古くからある東洋の人生観を谷崎は象徴している。光と闇は対立するものではない。光と闇の微妙なニュアンスは芸術、建築、文学のなかの諸要素を結び合わせるのだ。織物に落ちる影は、それを作った技巧を際立たせ、薄暗がりのなかにある金の掛け布は、光に照らされたものとは違う色合いになる。東洋では、自然のものに備わった欠点や儚さから、美しさを見出すことも多い。一般に、光、明瞭さ、完璧さをより明確に追求する西洋とは対照的だ。谷崎の随筆のなかで意義深いのは、古い日本の厠《かわや》を称える箇所だ。

日本の厠は実に精神が安まるように出来ている。それらは必ず母屋から離れて、青葉の匂や苔の匂のして来るような植え込みの蔭に設けてあり、（中略）そのうすぐらい光線の中にうずくまって、ほんのり明るい障子の反射を受けながら瞑想に耽り、または窓外の庭のけしきを眺める気持は、何とも云えない。（谷崎潤一郎『陰翳礼讃・文章読本』２０２０年、新潮文庫、13ページ）

建築と芸術の両方にいまでも日本的な精神は息づいている。ところが現在では、世界中のどこを探しても、東京ほどテクノロジーに重点が置かれた都市は見つからない。東京では日本の田園風景は遠い世界のように感じられる。拡大する光害に対抗するには、六本木ヒルズのようなプロジェクトがいくつも必要になるだろう。

東京の豊かな都市の風景と完全に対照的なのは、東京から見て太平洋の対岸にある、アンデス山脈の陰に位置する砂漠の荒涼とした風景だろう。その場所、チリのアタカマ砂漠は地球上で最大級に暗い場所の1つだと考えられている。そのため、そこが2012年に、暗闇と人工の光の影響について話し合う国際イベントの最初の開催地となったのは偶然ではない。天文学者、神経生物学者、動物学者、芸術家が、この「ノーチェ・ゼロ」と名づけられたイベントのシンポジウムやワークショップに参加した。その人たちはみんな、ますます深刻化する光害について議論するために集まった。標高が高く、空気は澄んで乾燥しているため(最後に雨が降ったのがいつなのか、誰も知らないほどだ)、アタカマ砂漠は天体観測や天文学の研究に最適な場所だ。そこにある天文台からは、無限の宇宙が広く見渡せる。

このチリの空の下では、世界の見え方も変わる。邪魔する光がなく、目のロドプシンが繊細なトランプのタワーを組み立てることができると、空がパッと開けるのだ。この地の夜には、余すところなく、深く星空を体験できる。自分がこれほど小さく取るに足らないと、同時にまた唯一無二の存在だと、感じられる場所は世界中を探してもほかにはない。最も近くに見える星は、地面へと落ちてくるかのようで、アンデスの山々の頂点の背後に星空の模様をした垂れ幕がかかっているようにも見える。最も遠くにある星の光は、太平洋の向こうの遠い海岸にある灯台のように、時間の原初へと至る道筋を照らす。この場所が実は特別ではないことに気づいている人はほとんどいない。地球上のどこであろうと、これらの星は空にあるのだ。けれども私たち人間が、世界を覆う貫通不可能なドームのような、ぼやけた光のバリアを作ってきたため、非常に人里離れた場所からしか、その光の向こう側を見られないのである。本来なら人間の肉眼で見えるはずの星のうち、私たちに実際に見えるのはたったの0・5%、ほんの一部だ。残りは人工の光によって覆い隠され、人間の活動という煙幕の向こうに消えてしまった。そこに存在するが、私たちには見えない存在と成り果ててしまったのである。

LEDの光

現代のLEDの白い輝きの登場で、白熱電球は歴史上のものとなった。LEDライトとも呼ばれる発光ダイオードは、電子が常に安定を求めるという性質を利用している。エネルギーを加えると、電子は原子核から遠く離れたところへ移動する。しかし、すぐに戻ってきて、再びエネルギーを放出する。このエネルギーは、光子の形をとる。つまり光になるのだ。

LEDライトはエネルギー効率がよいため、全国送電網に接続されていない、単純なバッテリーや太陽電池でも駆動する。ダイオードが何でできているかで、光の色が決まる。長い間、赤と緑しか市販されておらず、その後に黄色が加わった。しかし、物理学者の赤崎勇（1929～2021年）、天野浩（1960年～）、中村修二（1954年～）が青色LED

を開発し、夜を昼に変えられる強い白色の光への道を開いた。この発明で3人は、2014年にノーベル賞を受賞している。

最新のLEDを組み合わせることで、今日の照明は光の性質を調節したり、プログラムしたり、白熱電球では決して作れなかったような光を作ったりできる。LEDはまた、市場にも革命を起こした。照明器具1つあたりの価格とエネルギー消費量が大幅に低下したのだ。LEDのおかげで、照明アーティストや照明デザイナーという職業の魅力も高まった。照明に関わる仕事にはプロとしてのトレーニングが多く用意されているし、大手の建築会社では、照明部門は事業の重要な一角となっている。新しい技術が登場したときによくあることだが、最初はいかにパワーを高めて光量を増やすかが主な課題だった。照明の量を増やすことに重点が置かれたのだ。しかし、照明が多かったり、光が明るかったりすれば、必ずものがよく見えるようになるわけではない。歩道に沿って強い光の街灯が並ぶと光のトンネルができるが、その向こうには何も見えなくなる。光の外側に誰かが隠れていてもわからないし、都市の建造物や動き回る人も、夕刻になると見えなくなってしまう。私たちは安全のためにますます照明を明るくするが、光は私たちの目をくらませてものを見えなくし、(異論が出るのももっともだが)むしろ安全性を損なってしまうのだ。

人間の目は優れた能力を持っている。だが、光が弱いところで発揮されるその能力は過小評価されがちで、照明が過度に大事だと思われてしまう。光を反射する線が路面に引かれた、暗いなかでも道がわかる道路を夜に車で走っていると想像してみよう。車のヘッドライトだけで、道の曲がりくねった様子がしっかりとわかる。次いで、小さな住宅街に入ったとする。そこでは街灯が輝き、上から道を照らしている。その照明の下を通り抜けるのは、ナイトクラブのストロボライトを見るのと同じようなものだ。目からは暗視視力が奪われ、焦点が合わなくなり、建物の陰の暗闇が突然、とても深いものに感じられる。そこを通り抜けるあなたはじっと固唾をのみ、抜け出したときにやっと安心できる。街灯の光は離れ、ライトの反射で光る白線のみにかたどられた、遠くまで延びる道路が再び見えるようになる。建築家のルートヴィヒ・ミース・ファン・デル・ローエ（1886〜1969年）が言った「少ないことは豊かである」という言葉は建築におけるフォルムの簡素化を指したものだが、照明にも当てはまる。適切に調節された照明のほうが、ただ明るいだけの照明より、薄明のなかで、ものをよく見えるようにしてくれるのだ。

私たちの目に合った照明、すなわち、夜の景色の微妙な変化を消さず、まばゆい照明よりも周りをよく見えるようにしてくれ、都市においても調和のとれた夜の体験を与えてくれる照明——それを設計するための知識と可能性は、すでにある。LEDはどの面を照らすかを調整・制約できるため、不要な光の散乱を防ぐことができる。

また、私たちは光の色を調節したり変えたりして、自然の1日の光のサイクルを模倣できる。そして強さを調節すれば、影にも役割が与えられ、より自然で心地よい空間を演出できる。ところが、この10年間、私たちは逆の方向へ進んできた。照明、ヘッドライト、街灯、ワイヤーライト、電飾、玄関灯などを、ただただ多く使ってきたのだ。白熱電球は、より安くエネルギー効率のよいLEDにとって代わられたが、設置される照明の量が増えたため、期待されたエネルギーの節約は相殺されてしまった。さまざまな強さに調整できるというLEDの利点もあまり生かされていない。場所や時間帯に関係なく、その多くが白く明るく光っているだけだからだ。私たちはただ、自分たちにひたすら光を浴びせているだけである。

暗闇のツーリズム

混沌とした現代社会に暮らす人々は、どこかに観光するとなると、静かな場所や、開けた空の下の人里離れた場所、人の手が入っていない森などを求めて遠くまで足を運ぶ。自然が残っていればいるほど好まれるが、快適だとなおよい。いま世界中で、そのような体験が暗闇のなかで提供されている。イギリス、南ヨーロッパ、アメリカ合衆国の自然公園、スカンジナビア北部、アンデス山脈の太平洋側などにおいてだ。星の観察やきれいな夜空を売りにした「アストロツーリズム」の人気が高まりつつある。

その一例が、ボリビアの「カチ・ロッジ」だ。首都ラパスから飛行機で1時間、標高1万2000フィート（約3657メートル）のところにあるこのリゾートでは、太古から続く壮大な星空を見ることができる。世界最大の塩湖、ウユニ塩湖のなかに近未来的な球体のコテージがあり、まるで火星に移住したかのように感じられる。その宇宙基地のような白いドームのなかで宿泊客は、さえぎるものが何もない星空を見ながら、地球上のどこよりも大宇宙を近くに感じて眠ることができる。ミシュランガイドにも載っているリゾートのレストランでは地元のグルメを楽しめるし、塩湖の周囲のサボテンが生えて荒涼とした風景は、かつてインカ帝国の人々に物語のインスピレーションを与えた自然をそのまま体感させてくれる。

クリストファー・コロンブス（1451〜1506年）が1492年に西への航海に出て、ヨーロッパによるラテンアメリカ侵略への道を開いたとき、カナリア諸島テネリフェ島にあるスペインで最も高い山が礼砲を放った。「テイデ山が噴火した」とコロンブスは日記に書いているが、地球上で3番目に大きな火山に対し、彼はこのような簡単なコメントしか残さなかったのである。今日では、テイデ山は100年以上活動しておらず、この火山一帯は世界自然遺産と国立公園になっている。山を登るケーブルカーに乗ると、宇宙に向かってこぎ出すようだ。ここで見る天の川は、地球上のほかの場所にいる人には体験できないくらい印象的だ。

1960年代にはすでにテイデ山には天文台が開設されていた。そしてカナリア諸島の海岸沿いにホテルが密集し、光が広がっていくのに比例して、ますます多くの観光客が本物の夜を求めて、テイデ山上空の暗闇を見上げに訪れる。ここでも、アストロツーリズムは何十億ドル規模の産業になっているのだ。

北欧では、真冬の夜の壮観に人々が魅せられる。北極光と星が織りなす輝く帯が空に浮かぶのだ。観光客はアイスランドやノルウェー北部、そしてスウェーデン北部のユッカスヤルビにある氷のホテル「アイスホテル」にこぞって行きたがる。そこでは夜空に浮かぶ自然の花火が見られ、通常の貸し切り旅行とはまったく次元の違う特別な体験ができる。スウェーデンのラップランドの山岳地帯のなかには、世界で最も古い部類に入る国立公園、アビスコ国立公園がある。ここでも、暗闇と北極光を目当てに来る観光客が増えているのがわかる。暗視視力を損なわないようにするため、観光客は夜の国立公園のなかをかすかな赤い光だけで案内される。夜にケーブルカーで山を登った先は「オーロラ・スカイ・ステーション」だ。そこにいると、極夜の終わりが決して来ないかのように感じられる。

もっと日常的な体験が、人工の光から守られる形で提供される場所もある。スウェーデン南部のヘルシンボリという都市では、夕方から夜にかけても美しいオーシャンブルーが見えるようにするため、遊歩道の照明が調整され、散乱する光が海のある西側には届かないようにされている。さらに南にある都市ロンマでは、市の総合基本計画に、暗い場所が保たれなければならないと明記されている。

デンマークの本島、シェラン島の南東にあるメン島は、壮大な断崖が有名だが、夜の観光がますます人気になっている。高さ460フィート（約140メートル）の白い断崖は遠くから見るととても印象的で、陸と海が接する端はエメラルド色になり、まるでエーレスンド海峡の海面に突き刺さっているように見える。だがその白い断崖のほかにも、メン島はその暗さで有名だ。晴れた夜には島の崖の上空に5000もの星が見えるため、天文学的な美しさを測る物差しであるボートル・スケールでは数字の低いクラスに分類される。対して、車でわずか1時間のところにあるコペンハーゲンの同時刻の空には、100の星しか見えない。そのため、メン島の東部全体と隣のニョルド島の一部は2017年に、光害の影響のない夜空を対象とした、スカンジナビアで最初の星空保護区、「ダークスカイ・パーク」に指定された。それだけではなく、2つの島を管轄する自治体ボアディングボーは、「ダークスカイ・コミュニティ」にも指定されている。これは、自治体が夜を保護する責任を負い、いつ、どこに、どのような光を当てるか、厳格な照明プランを策定するものだ。そこでは絶対に必要な照明しか許可されない。

1658年にスウェーデン王カール10世グスタフ（1622〜1660年）がデンマークの

ベルト海峡を渡る伝説的な作戦をおこない、宿敵デンマークを降伏させた後、ロスキレ条約にてメン島はスウェーデンの領土になるところだった。スウェーデンの要求は多かったが、交渉の結果、レス島、アンホルト島、メン島はデンマークにとどまることとなった。デンマークの交渉者が地図の上にビールのグラスを置いて、島の存在を隠したという言い伝えもある。現代の暗闇のファンからすれば、これはラッキーなことかもしれない。なぜなら、デンマークの環境保護当局は光と闇について、スウェーデンの同機関よりも少し進んだ考え方を持っているからだ。

さらに先進的なのはフランスだ。2019年に、大気に放出される光の量を定めた法律が成立した。この法律は2021年に全面的に施行され、街灯の強さ、色温度、時間帯、範囲が規制されている。実際の運用や効果はこれから検証されなければならない。だが、同様の措置を導入する国は増えている。オーストリアの首都ウィーンでは午後11時に照明を消すようになった。オランダのフローニンゲンでは、工業用と農業用の照明が法律で規制されている。西ヨーロッパではこのような意識が高まっているようだ。世界のほかの場所はまだ、光害の被害にようやく気づき始めたという段階だけれども。

メン島とニョルド島が指定されている「ダークスカイ・コミュニティ」は国際的な運動の一環だ。毎年、自然公園、特別自然保護区、自治体が、国際ダークスカイ協会（IDA）に認証される。並外れた夜空のある場所のみが対象だ。また、その場所はアクセスしやすく、観光客、および研究者やアマチュア天文家が訪問できなければならない。ダークスカイ・パークは中世の大聖堂や古代の出土品に等しい、文化の中心になるべきだとされている。だが残念なことに、IDAの基準に合致するような場所はほとんど残っていない。現在、世界中で約40のダークスカイ・パーク、約20のダークスカイ・コミュニティが認定されている。そのうち、ヨーロッパにあるのは5カ所のみだ。メン島がいかに特別な場所かがわかるだろう。

星空や生き生きとした夜が体験できるということで、メン島の星空保護区は世界に注目されている。島では多くのガイドツアーが企画されている。曇った晩には、暗闇そのものが1つの体験となる。目が慣れてくると、何もないはずの濃い闇のなかからゆっくりと、さまざまなものの影が浮かび上がってくる。ガイドは、暗闇のなかでも安心感を得る方法や、視覚における普段は訓練されない部分を活性化する方法、視覚が休止している状態を肯定し、いかに体を順応させるかなどを教えてくれる。空が晴れた日には、星の説明が中心だ。天の川が輝く真珠のような星で空に帯を作る。そして冬の訪問者を待ち受けるのは、時空が生まれた頃に光った閃光が、いまの地球に届いて夜空を彩る様子だ。

このような、世界中のダークスカイ・パークは希望を与えてくれる。今日のテクノロジーとイノベーションの世界においても、私たちにその気さえあれば、夜空の一部は維持できるのだということを見ると、元気づけられる。イギリスでは、いくつかのダークスカイ・パークで春や冬や晩秋に祭りがおこなわれ、国内各地からさまざまな人を惹きつけている。

ダークスカイ・シティ（のちにダークスカイ・コミュニティに改組）に初めて認定されたのは、アメリカのアリゾナ州フラッグスタッフで、2001年のことだ。この都市はそれ以前からこの分野の先頭に立っており、1958年に世界初の照明の規制を設け、広告用のスポットライトを禁止してもいる。この動きを推し進めたのは天文学者たちだが、都市環境のなかでも夜空を保護して見えるようにしようという、この自治体独自の野心もあったのだ。そうして、フランスで最近成立した法律と似た、3つの基準に基づいた照明の規制のモデルが成立した。第一に、すべての照明は下に向けられ、地面と平行なラインより上に光を漏らさないため、上部に覆いがかけられなければならない。第二に、区画ごとの照明の数に上限が設けられる。第三に、照明の光は暖色でなければならない。つまり、私たちに最も有害な青白い寒色の光ではなく、黄色や赤の光が使用されなければならない。このように、フラッグスタッフはほかの都市も真似できるようなロールモデルとなることを目指す。フラッグスタッフ、フランス、メン島、ニョルド島――このような場所が増えなければ、私たちの世代で夜が完全に失われてしまう可能性もある。

王家が残した暗闇

13世紀末、当時のスウェーデンの統治者、マグヌス・ラドゥロス（1240頃〜1290年）は、現代では首都ストックホルムの一地区である、ユールゴーデン南部に相当する場所を獲得した。それ以来、この場所は王家の所有地となっている。長い間、ユールゴーデンは王室のプライベートな狩場であり、名前の由来「ユールゴード（djurgard）」自体が、古ノルド語でシカを意味する「ディエレ（dieure）」から来ている。しかし18世紀の王グスタフ3世（1746〜1792年）の時代までには、王家は狩りよりも保養や娯楽を重視するようになった。そうして1820年代に建てられたローゼンダル宮殿を皮切りに、この地には壮麗な建造物がいくつも建てられ、その絶頂期の1897年には、ストックホルム万国博覧会の会場となった。それ以来、ユールゴーデンとその周辺にはミュージアム、文化施設、自然公園が並び、地域住民と外からの観光客の両方にとって、魅力的なスポットとなっている。

1995年に、この地に次の転機が訪れた。ウルリクスダール、ハーガ、ユールゴーデン、ブルンスヴィーケンの4つの区域を合わせた全体が、国立都市公園（Nationalstadspark）に指定されたのだ。これらの地は都市のなかの保護されるべき公共空間と位置づけられたが、このようなものが設けられたのは世界初だった。成長が速い大都市において、歴史・文化・自然の組み合わせを守るのが目的だ。1994年に案が決まった際には、スウェーデンにしかないプロジェクトだったが、いまでは10もの国立都市公園を持つフィンランドに数で抜かれている。

17世紀末、王室領ユールゴーデン内の、ウグレヴィーケンと現在のストックホルム・スタジアムがある場所の間に、宮廷猟師のヨハン・ペルション（生没年不詳）（「小さなヤン」を意味するリル・ヤンという呼び名のほうが知られている）の狩猟小屋があった。ユールゴーデンは当時自然豊かな場所で、宮廷猟師は広大な土地を管理しなければならなかったが、給料はよくなかった。そこで、収入を増やすためにリル・ヤンは自宅にレストランを開いた。それはまたたく間に人気になり、リル・ヤンの死後も、19世紀に入るまで営業していた。リル・ヤンの名はアウグスト・ストリンドベリやアストリッド・リンドグレーン（1907〜2002年）の著作にも登場するほどだったが、この猟師兼レストラン経営者にちなんだ名が正式にこの地域の森につけられたのは2009年になってからだ。いまでは歩道や施設ができ、ストックホルムの都会の人混みに近いにもかかわらず、かつてリル・ヤンが働いていたその場所は、まだ暗いほうだ。そこにはいまでもコウモリが飛んでいる。ユールゴーデン全体で見られる8種のうち7種がその森で確認できた。

この地域の行政はいま、照明を見直し、人間と動物、どちらのニーズにも応えられる環境を作ろうとしている。私たちには光が必要だが、暗闇も必要だ。コウモリはそのことを教えてくれた。次のステップは、生態系に優しい照明づくりを、現代の技術で試すことだ。王家とユールゴーデンがパイオニアとなり、国立都市公園が保護する対象に暗闇も含まれるようになったのである。スウェーデンでも、モン島やニョルド島のようなダークスカイ・パークを作ろうという方向に近づいているのかもしれない。

ユールゴーデンでおこなった仕事で私は、同地にあるストックホルム屈指の人気スポットである野外博物館「スカンセン」のなかの古い市場の建物（現在はホステルと倉庫になっている）に寝泊まりし、夜には園内を自由に歩いてコウモリの出す音を聞くという、またとない機会に恵まれた。夜に起きていたのは私だけではなかった。日中は眠そうにしているカワウソは、毎晩何らかの集会を開いていた。それは日没直後に始まり、真夜中を大幅にすぎるまで終わる様子がなかった。オオカミは誇らしい影絵のように忍び足で歩き回り、ミミズクは私が通り過ぎるたびに顔をこちらに向ける。入り江のほうから風が吹くと、スカンセンはコウモリのオアシスになる。キタクビワコウモリは歩道沿いや、地面から突き出たアザラシの頭の間を静かに飛ぶ。アザラシはトビケラを追うドーベントンコウモリを不思議そうに見つめた。ヘレスタッドの鐘楼の周囲ではアブラコウモリが高音で鳴き、セグロラ教会の横ではオスのウサギコウモリが円舞していた。彼は自分と一緒に住んでくれるメスが来ることを期待して、尖塔の上に陣取ったのだ。だが、メスはいなかった。スカンセンはあまりに狭く、照明の多い都市の景観のなかに押し込まれているので、大規模なコウモリのコロニーが住むのに適していない。どう考えても、このオスのウサギコウモリはたった1匹でスカンセンで越冬するだろう。しかし少し運に恵まれれば、彼はいずれ同種の仲間を見つけられるかもしれない。

普通は夕方に閉園するにもかかわらず、スカンセンでさえも人工の照明や不必要なスポットライトの影響をまったく受けないわけではない。しかし、照明はかなりまばらなほうだ。昔風のランタンは心地よく鈍い光を放つし、完全に暗い通路もある。ここにコウモリがいるということは、都市部の水辺や公園でも、光で照らされていない箇所ならば野生動物が繁栄できるという証拠である。いずれはユールゴーデン全体が影を称えるようになり、生きる陰翳という日本の哲学を体現するようになることが期待される。

暗闇の静かな会話

暗いところを怖がるある子どもがこう言ったという。「誰かが話していれば明るくなるよ」。何も見えないと、孤独感はいっそう強く感じられ、人との近さや関わりを強く求めるようになる。多くの人は、夜の闇のなかで不安を感じ、近くに明かりがほしいと思う。私たちの暗視視力には限界があるので、影のなかに何があるか、見分けるのはいつも難しい。目の見えない人は、理論的にはほかの誰よりも完全な暗闇に慣れているはずなのに、暗闇に対して恐怖を感じることがある。明かりがなかったり、時間が遅かったりすると知るだけでも、自分が危険にさらされているという感覚が生まれるには十分なのだ。

暗闇のなかでの不安感が生まれるのは、明かりが不足しているときだけではない。不適切な明かりがあるときも、同様の効果が生じうる。光がまぶしすぎて目がくらむとき、周辺の視界はすべて遮断され、暗闇が全方向から忍び寄ってくる。歩道に沿って並ぶ照明は、私たちが進む方向を見えるようにはしてくれるが、その外側には何も見えない濃密な闇が存在する形になる。一部の照明デザイナーが照明そのものよりも闇、影、暗がり、配色の話をしたがるのは、このような理由からだ。その態度は『陰翳礼讃』の日本的な考え方と完全に一致している。安心と暗闇は、同時に体験できるという考え方だ。

少し前、私は『Conversation』というアートインスタレーションの公演に参加した。それは、私たちの会話の相手の姿が見えなかったときにどうなるかを示す、アートプロジェクトだ。観客自身が作品の内容を作り出すという点では、パフォーマンスアートとも呼べる。見た目に基づいた偏見から自由になった人がお互いに（ボディーランゲージや視線に頼らずに）会話をし、傾聴するとどうなるかという、社会学的な視点もそこには盛り込まれている。自身の内面が自由になったとき、はっきりとした視覚的印象はどれも取るに足らないものになるのだ。

私は目隠しをされて真っ暗な部屋に通され、テーブルの前に座った。やがて、10人かそれ以上の人が同じ部屋にいることがわかってきた。私の前には食べ物の乗った皿、グラス、食器が置かれていた。食べ物のにおいはしたが、何も見えない。進行役の人はまず、私たちに食べ物を自由に取っていいと説明し、隣の席の人同士で相手の飲み物を選んで注いであげましょうと言った。そしてあとは会話を私たちに委ねた。名前や職業を明かすことは許されていなかった。最初の会話は少し煮えきらない感じだった。ある人が話し始めたが、すぐに口をつぐみ、別の人は、候補にあった2つの飲み物のうちどちらが実際に注がれたのか知るのは難しいですね、とコメントした。

だがすぐに、会話は続くようになった。テーブルを囲んで何人かでおこなわれることもあれば、近くに座っている2人が話すこともあった。時折、進行役が私たちに質問したが、ほとんどの時間、彼女は静かに座っているだけだった。彼女には何らかの方法で私たちが見えていたのか、あるいは彼女もまた暗闇に溶け込んでいただけだったのかはわからない。話さなければならないという義務はなかったので、何人の人が部屋にいたのかもわからない。自らの存在を主張せずに、周囲の会話を聞いているだけの人もいただろう。

私たちは順番に、自分たちのいる部屋がどのような様子かを予想することにした。最初は普通の会議室のような部屋ではないかと予想されたが、次第に星空の下や深海といった、大胆な想像が出てくるようになった。私たちはゆっくりと言葉とつむいだが、説明の途中でさえぎられる人はいなかった。視覚的な合図がないので、発言者の言葉が完結し、話の波がいったん引くまで待ってから次の発言をしようという気持ちが強まったようだ。ほとんどささやき声だったにもかかわらず、みんなの声ははっきりと聞こえ、普通ならほとんど気づかないような息遣いや椅子のちょっとした動きが、参加者1人1人の特有の癖として認識できた。

沈黙や暗闇、そしてゆっくりと流れる時間が支配するような、静かな会話を私たちは忘れてしまったのだろうか？　それは今日では贅沢なものなのだろうか？　心理学者やセラピストの応接室は明るい場合が多いが、一部の患者にとっては暗い部屋のほうが有益だ。ストレスで壁にぶつかっている人にとっては、視覚的な刺激がないことは安らぎにつながる。暗闇が深い会話を可能にしてくれると言う心理学者もいる。暗闇のなかでは、セラピストも患者も、余計な印象にまったく邪魔されずに話せるからだ。自分の姿が相手から見えず、鋭い光と視線にさらされていない状態のほうが、心を開いて自分のことについて語りやすいというケースはよくある。

暗闇のなかで素直に話したり、日常の雑事やタスクのことを考えずにしばらく沈黙したり、熟考したりする——そのような経験をさせてくれたそのインスタレーションは斬新で貴重だった。電灯が登場する前の時代には、晩や早朝にそのような機会があり、人々は昔話をしたり、物語を聞かせ合ったりして、ともに過ごした。物思いにふけったり、ただほかの人の話を聞いたりするだけでもよかった。『We Hear Each Other Better in the Dark（暗闇のなかのほうが互いの声がよく聞こえる）』は、フランツ・カフカ（1883～1924年）のスウェーデン語版の書簡集につけられたタイトルだ。会話が暗闇によって促進されるのは事実かもしれない。『Conversation』というアート作品において自分の姿が見えなくされたのは、素敵なことだと感じた。好きな姿勢で座り、話したいときだけ話すが、それでも他者とつながっている感覚を持てたのだ。

自然の光が1日を動かしていた農民社会では、夜中の会話は標準的な社会生活の一部だった。人々は早く寝て、夜中にしばらく目覚めることがよくあり、その後朝までもう一度寝るのだった。この静かな夜中の休憩時間に、多くの子どもが作られたのだろう。日記などの資料からは、この時間に人々はパイプに火をつけたり、簡単な手芸をおこなったり、ビールを飲んだりしたという。再度眠りにつくまで、静かな会話も交わされただろう。現代の一部の研究によると、自然の光や睡眠サイクルに従う人は、やがてこの2回に分かれた睡眠パターンに落ち着くという。しかもそれは健康によいらしい。

ストックホルムのレストラン「Svartklubben《スヴァートクルーベン》（黒のクラブ）」は、この暗闇のコンセプトを内装に採用している。知らない人同士が隣に座り、完全な暗闇のなかで会話するのだ。グラスや食器を手探りでつかもうとすると、動きはゆっくり、慎重になる。携帯電話を見るために会話が中断されることはない。使用が許可されていないからだ。そこでは、「現在」が異常なほどに存在感を持つ。時折、ミュージシャンでもあるオーナーが、ギターを手にして曲を演奏してくれる。

演奏している姿は見えない。だが、密な暗闇のなかで、歌詞の一節一節、ハーモニーの1つ1つが、日常では感じられないほどの心地よさを作り出すようだ。ADHDの人の多くはスヴァートクルーベンで安心して食事し、くつろぎ、音楽を聴けるという。視覚的印象の洪水に悩まされたり、時間の経過を常に意識させられたりしないからだ。時間の感覚も、暗いところでは変わる。時計の動きがゆっくりに見えるようになり、しまいには部屋に溶け込んで消えてしまう。私たち北国の住人の間では、冬期のライトセラピーが長らく話題になっている。ところが「ダークセラピー」という概念も、市民権を得つつあるのだ。

スヴァートクルーベンと同じ地域で、ポッドキャスト『In the Dark with… (暗闇のなかで)』が録音されている。これは暗闇について語るポッドキャストではない。照明がまったくないスタジオで録音されるのだ。その効果は会話に如実に現れる。深く、落ち着き、緊張が緩んだ、よりパーソナルな会話になるのだ。少し経ってゲストがその部屋の環境に慣れると、よりリラックスし、自分らしさが出てくる。ほかの感覚や情報に邪魔されずに、相手の言葉と自分の言葉にフルに集中できるのだ。リスナーは暗闇のなかで一緒にいるわけではないが、目を閉じて聞けば、その暗闇を共有できる。

逆境にある暗闇

ユールゴーデンの街灯、海の石油掘削装置の明かり、ラスベガスのホテルのイルミネーション、学校の駐車場の照明――どのような形であれ、光害は私たちの体内時計という、最も基礎的なメカニズムに悪影響を与える。24時間ずっと明かりがついている状態では、地球上のあらゆる生物の概日リズムが乱れてしまう。最も影響を受けるのは夜行性の動物だが、それだけではない。

地球の気温の急上昇を止めたり、プラスチックや有害物質を環境から一掃したり、外来種(つまり、本来いるべきではない場所にいる動植物)の拡大を止めたりするのは、不可能ではないにしても、とてつもなく難しいだろう。しかし、照明を抑えたり消したりするのは、明らかに簡単だ。少なくとも技術的には、あらゆる環境問題のなかで光害が最も簡単に解決できる。過剰な照明を消せば、効果はすぐに現れるし、先送りされる別の問題が生じるわけでもない。私たち個人は、ほとんどコストをかけずに光害を減らすことができる。照明を部分的に覆ったり、光が地面に行くように光源を低くして下に向けたり、光を弱くしたりすれば、街全体の光の量を減らせるし、大気中に拡散する光も減らせる。使っていない部屋の電気を消す、庭のライトにタイマーを設定する、玄関前の照明をセンサー式にするなどの工夫をすれば、必要なときだけ明かりが得られる状態になる。

それでも、問題がすべて消えるとはとても言えない。光や明るい環境は、多くの人にとっては安全と同義だ。暗い場所が増えることは、その人たちには受け入れられにくいだろう。産業化される前の世界の照明に戻りたいと思う人も、おそらくほとんどいない。私たちが生きる福祉社会、安心、職業生活、ライフスタイル、およびあらゆる社会的関係性の概念を、もう一度検討し直さなくてはならないのだ。光は富の象徴でもある。大都市や先進国では、光は特に強く輝くものだ。私の曽祖父ヨハン・エクレフが19世紀末の工場に電灯を導入したように、あるいは、カール12世が何千もの鯨油ランプを使って称えられたように、光は成功のシンボルである。私たちがスウェーデンにて、尖塔やタワーを電飾でライトアップしたり、街路樹をワイヤーライトで覆ったりしているなか、アフリカの田舎が電灯を導入しようとするのを止めることなどできない。

近年、いくつかの国や地域では、暗闇を奨励するプロジェクトが始まっている。ヨーロッパでは2002年にチェコとスロベニアが先陣を切り、イタリア、スペイン、クロアチア、オランダなど、複数の国がその後に続いたり、続く予定を立てていたりする。EU内では多くの場所で、過剰な光を規制し、暗闇を保護するためのガイドラインや法律を作る議論が進んでいる。

問題は、行動するための時間がどれだけ残されているかだ。闇に守られて生きる動物の多くは、絶滅の瀬戸際にいる。それらが絶滅してしまえば、送粉や害虫の駆除といった重要な恩恵も失われる。そして夜がない環境下で、私たち人間の睡眠の質はますます悪くなり、植物の老化はますます早くなる。

詩人、哲学者、作家、芸術家は、暗闇からインスピレーションを得る。外部の者が見えないとき、私たちは創造力の助けを借りて、自分たちの内面に独自のイメージを作り出す。演劇の世界では、ブラックボックスという言葉がある。それは黒く塗られた、内部を自由に変えることのできるステージルームで、演者が邪魔な印象の影響を受けずに創造力を発揮できるようにした空間だ。もっとゆるいブラックボックス的な空間は、秋の夜の闇のなかでろうそくを灯したときや、夏の晩にキャンプファイアを囲んで座るときに生まれる。12月のアドベントキャンドルや、クリスマスの飾りつけの光の鎖は、昼の光を真似るのではなく、情緒を演出するものだ。そこに私たちが求めているのは、落ち着いた光であり、リラックスできる暗闇と親密な会話を促す、居心地のよい照明なのだ。

私が本書の最後の数段落を書いているいまは、「アースアワー」の期間中だ。ろうそくを灯して、紙に原稿を書いている。アースアワーは世界自然保護基金による国際的な気候キャンペーンであり、毎年3月末におこなわれる。もともとはエネルギーのむだ遣いを私たちに自覚させるイベントだったが、現在では光害に対する戦いの象徴にもなっている。ベルリン市内の公園では、アースアワーの効果は顕著に現れている。全員が参加するわけではないにもかかわらず、電気を消すというアクションの間、市内の光害は減少しているのだ。私の家では、ボードゲームで遊び、焼き立てのマフィンを食べる。毎年のアースアワーが家族の伝統行事となっているのだ。けれども、どうして毎年1回だけにとどめる必要があるだろう？ 常に照明をつけておく必要はない。暗闇には、私たちの想像以上の発見がある。私たちの目が暗さにゆっくりと慣れていき、暗視視力に切り替わる様子、街灯が消えるとともに星が光り始める様子、くつろいで目を休めている間、私たちの会話が深まっていく様子――このような体験はすばらしいことだ。

夜は、まさに私たちの友だ。私たちは暗闇と、その静けさや繊細な美しさのなかで安心する。私たちは夜から、そして天の川やその彼方の遠くの光からインスピレーションを得る。夜の闇のなかにも生命があるのだ。夜を取り戻そう。

Carpe noctem.《夜を楽しめ》

暗闇を守るための10箇条

暗闇を意識する

概日リズムは太古の昔からあり、あらゆる生命の基礎となっている。しかし現在、夜の闇は窮地に追いやられている。その流れに対抗しなければならない。

暗闇を保護する

私たちの住む世界は、人工の光であふれているようだ。しかし、暗闇は案外、私たちの近くにもある。ちょっと電車に揺られたところに、ちょっと歩いた先に、あるいは、携帯電話の電源を切ればそこに……。あなたはどこに暗闇を見出すだろうか？

身の回りの暗闇を維持する

部屋を出るときは電気を消すこと、夜は自宅の庭を闇のなかで休ませることなどを心がけよう。そうしたときに、影の細かいニュアンスが現れる様子を観察してみよう。

体内のリズムに従う
眠る前は暗闇に包まれ、夜はブルーライトを避けよう、朝には太陽に1日の感覚をリセットしてもらおう。

夜の生き物たちを発見する
まばゆい街の夜空から離れ、暗闇に目を凝らしてみよう。隠れ家から出てくる動物たちや、その目が輝く様子、通り過ぎるシルエットを観察してみよう。植物の香りの変化や、昼には聞こえなかった音も感じられるはずだ。

暗闇を探求する
薄明のさまざまな段階や、太陽が月や星と入れ替わっていく様子を観察しよう。可能なら、真冬の夜に、伝説的な北極光を見に行ってほしい。目がくらむほどの壮観を体験できる！

暗闇について、動植物の生存にとっての暗闇の重要性について、より深く学ぶ
ＬＥＤが夜を席巻する前の時代の文学や芸術に触れ、心を動かされることもお勧めする。

周りの人と、暗闇について話し合う

暗闇がもたらす利益について、多くの人に知識が広まるほど、過剰な光に照らされた世界の問題に対処できる可能性も高まるだろう。

光害に向き合うためのロールモデルとなり、周囲の人たちの力になる

自分が住む自治体に、不必要に明るい街灯がある通りを報告したり、投光器が環境規制に違反しうることを提言したりしよう。近所の人たちと一緒にアースアワーの取り組みに参加するのもいい。

暗闇を自分のものにする

暗闇の友となり、暗闇を楽しもう。人生が豊かになるはずだ。

謝辞

執筆は仕事とはとても言えず、ある種の自傷行為だ、と誰かが言った。しかし、よく言われているような、孤独な活動ではない。この本の執筆にあたっては、多くの人が私と一緒に、暗い回廊を歩んでくれ、知識、着想、アドバイス、疑問点を与えてくれた。

暗闇と光に関するさまざまなテーマについてのアイデア、見識、事実、情報、あらゆる角度からの視点を知るために、執筆前にも執筆中にも、私はいろいろな人と話をした。コーヒーを飲みながら話し合った人もいれば、電話で話しただけの人、コンピュータの画面越しに会った人、Eメールでやり取りをした人もいる。そこで交わした会話の多くは、この本の重要な箇所に盛り込まれている。あるいは、直接は書かれていなくても、行間から読み取れるはずのメッセージに、インスピレーションを与えてくれた人もいる。どのような形であれ、この本の完成にあたっては、誰と交わした会話も等しく重要だった。暗闇に対する考え方を話してくれたり、暗闇の必要性を説明してくれたりした人たちの見識は、この本を書く間、私の旅の供となってくれた。そのため、以下の人たちに、謹んでお礼を申し上げたい。

アンドレアス・ノーディン（文化科学者）、アンナ・ベルグホルツ（ジャーナリスト）、アネッテ・ネース（俳優）、ブレット・シーモー（鱗翅目《りんしもく》研究者）、カッレ・ベルギル（生物学者）、セシーリア・ウィーデ（内科医、ジャーナリスト、ナチュラリスト）、シャルロッタ・トデリウス（犯罪学者）、フライヤ・ホルムベリ（博物館教育学者）、フリーダ・ロンテル（睡眠研究者）、フリーダ・サンドストレム（芸術ライター）、ヘレン・アルフヴィドソン（世界文化博物館キュレーター）、ヘンリク・アロンソン（植物生理学者）、ヤール・ノードブラド（考古学者）、イェニー・リンドストレム（動物生理学者）、カイサ・スペルリン（照明デザイナー）、カティア・リンドブルム（スロッツコーゲン天文台キュレーター）、マグヌス・イェラング（イェーテボリ自然史博物館キュレーター）、マティアス・サンドベリ（文化地理学者）、ミカエル・ビョルク（社会学者）、ミカエル・クレムレ（水保全担当官）、セレナ・サバティーニ（考古学者）、スサンナ・ラドヴィック（哲学者）、テイラー・ストーン（技術哲学者）、オーサ・グンナースドッテル（心理学者）。

また、この本の原版をスウェーデンで出版してくれたチームにも感謝申し上げたい。レナ・フォルセン（発行者）とニルス・スンドベリ（編集者）は、本書を根気強くカットし、編集し、言葉を磨き上げてくれた。また、本書を読んで校正してくれたクラース・バーンズ（天文学者）、エミル・V・ニルソン（植物学者）、ケネット・ルンディン（海洋生物学者）、イェニー・エクレフ（生物学者・内科医）にも感謝申し上げる。

本書の英語版の刊行に当たっては、エージェントのパウル・セベスとリク・クレウヴァーに感謝申し上げる。この2人は本書をイギリスのペンギンランダムハウス社の編集者スチュアート・ウィリアムと、アメリカ合衆国のサイモン・アンド・シュスター社（スクリブナー社）の編集者コリン・ハリソンおよびエミリー・ポールソンの手に回してくれた。また、英語に翻訳したエリザベス・デノマにもお礼を申し上げる。

最後に、イェンス・リデル（1953～2021年、動物学者・自然写真家）に特別に感謝を申し上げたい。彼とは、1990年代後半から、ともにコウモリや暗闇を観察し、議論してきた。もう彼と一緒に調査に行けないこと、彼の助言を仰げないことの寂しさは、言葉にできないほどだ。彼とともにした冒険や会話がなければ、本書を書くことはできなかっただろう。

訳者あとがき

人間にとって、暗闇は恐怖の対象であり、無知の象徴であった。歴史のなかで、多くの人間が暗闇を克服したいと望んだ。電球の発明によってその手段を手に入れて以降、人間は、実際に人工の光で暗闇を追い払い、煌々と輝く地球を作り出すことに力を尽くしてきた。人工の光はまさに人間の輝く未来そのものであり、常に明るく眠らない街は人間の富と進歩の尺度であった。

ところが、そのような考え方を見直すべきときが来ている。いまでは、汚染物質をそのまま自然界に垂れ流してよいとか、化石燃料を好きなだけ燃やしてよいと考える人はあまりいないだろう。自然環境を守らなければ、ゆくゆくは人間の生活にもダメージが及ぶことがわかってきているからだ。そして、その守るべき対象には、暗闇や夜も含まれなければならない――本書『暗闇の効用』は、優しい語り口で、しかし力強く、そう訴えている。

この本の原書はスウェーデン語『Mörkermanifestet: om artificiellt ljus och hotet mot en uråldrig rytm』（Natur & Kultur、2020年）だが、日本語訳の底本としては米国向けの英語版『The Darkness Manifesto: On Light Pollution, Night Ecology, and the Ancient Rhythms that Sustain Life』（エリザベス・デノマ訳、スクリブナー、2023年）を使用した。

本書は米『パブリッシャーズ・ウィークリー』誌、英『ニュー・ステイツマン』誌、英『デイリー・テレグラフ』紙などで高く評価されているほか、オックスフォード大学教授で概日リズム研究の大家であるラッセル・フォスターからも推薦の声が寄せられている。また、英大手書店ウォーターストーンズによって、2022年度「ベストブック」のポピュラーサイエンス部門にも選出された。

本書は、構成と文体が特徴的だ。「暗闇と夜の重要性」および「光害の深刻さ」というテーマは本書全体を貫いているものの、短い各章の話題は多岐にわたり、著者の個人的な体験談も多く、学術的な「堅苦しさ」はまったく見られない。しかし、著者の主張はしっかりとした科学的なファクトに基づいている（参考文献に多数の学術論文が挙げられていることからもわかるだろう）。

個人的な体験と科学的なファクトの間を、そしてコウモリから大海のサンゴ、さらには宇宙の起源まで、さまざまな話題の間を縦横無尽に行き来し、それでいて読者に疲れを感じさせないスタイルには、著者のヨハン・エクレフ（1973年〜）の独特な経歴が反映されていると考えられる。エクレフはスウェーデンの作家であり、本書のほかには、コウモリの生態や動物の進化に関する一般向け・児童向けの著書がある。科学的な事柄を非専門家の人や子どもにわかりやすく説明するのを得意としているようだ。現在は光害を抑えるために企業や行政にアドバイスするコンサルティング会社も経営しているという。同時に、彼は動物学の博士号を持つコウモリ研究者でもあり、フィールドで調査をおこなった経験も豊富にある。さらに、一個人として、夜と自然をとても愛していることが、本書の描写からもはっきりわかる。本書の冒頭で自らを「コウモリ研究者、旅行者、暗闇の友」と表現しているように、彼の多面的な活動のすべてが、暗闇とつながっている。彼の学術的な知見と、彼の個人的な体験も同様に、暗闇という場で不可分に結びついているのかもしれない。

訳者自身、この本の翻訳を通じて多くのことを学んだ。「光害」という言葉は最近よく目にするし、過剰な人工の光が自然界に悪影響を及ぼすことは、なんとなくわかっていた。しかし、昆虫、コウモリ、鳥類など、あらゆる生き物に人工の光が害を与えているという、具体的なエピソードやデータを交えた本書の説明を読んで初めて、光害の深刻さをはっきりと認識できた。世界各地で、光害を抑えて暗闇を守るための取り組みがおこなわれていることも知った。日本の谷崎潤一郎の思想が、現代の光害問題を考えるうえでとても重要な拠り所になりうるという点も興味深かった。同時に、現在の日本では谷崎の思想がどれほど顧みられているのだろうか、と考えさせられもした。

しかし私にとって何よりも大きかったのは、「夜」および「暗闇」に対する見方が変わったことだ。これまではただ暗くて不便だと思っていた時間帯に、自然界ではさまざまな営みがおこなわれていて、それが巡り巡って私たち人間の生活にも影響している——そのことを意識するようになっただけでも、文明に染まり切った都会育ちの私としては大きな変化である。また、夜に出歩く際には、夜と暗闇が持つ独特な美しさを楽しむようになった。昼間とは見え方がまったく違う花に目を向けたり（夜に花が咲いているかどうかなんて、以前は気にしたこともなかった）、虫やカエルの声に耳を傾けたり（時間帯や天候によって聞こえてくる音が変わるのもおもしろい）、スマートフォンの画面を見る代わりに空を見上げて星を探したりすると（忍耐強く夜空を見つめていれば、横浜でも意外とたくさんの星が見えてくる）、夜には夜の楽しみ方があるのだと実感できる。他方で、なるべく無用な夜更かしは控えようとも思った。締め切りに追われているときは、なかなかそうはいかないけれども……。

　まさに私のなかで起きたような意識の変化こそが、エクレフが読者に期待することなのだろう。私たちの豊かで便利な生活を維持するためには、人工の光や24時間体制の仕事を完全に廃止するわけにはいかない。しかし、夜を昼と同じくらい明るくしてしまったり、暗闇を完全に駆逐してしまったりするのは間違いだ。夜や暗闇を求める自然界と、光を求める人間界がうまく折り合える方法を考える必要がある。その方法とは、過剰な人工の光を規制したり、最新技術を駆使して環境に優しい照明を開発したりすることになるはずだ。だがそもそも、そのような動きは、私たちひとりひとりの意識が変わらないと始まらないのではないか。本書最後の「暗闇を守るための10箇条」にあるように、まずは多くの人が、夜や暗闇をこれまでとは違った視点で見て、その効用を認識し、その美しさや楽しみ方を実感できるようになる必要がある。この日本語版が、日本の読者の意識を変えるきっかけになれば、訳者としてうれしい限りである。

　最後に、本書を担当してくださった太田出版書籍編集部の村上清さま、訳文に多くの助言をくださった株式会社トランネットの志村涼子さまに、心からお礼を申し上げる。

２０２３年８月　訳者　永盛鷹司

さらに学びたい人のための資料

Bogard, P. *The End of Night: Searching for Natural Darkness in an Age of Artificial Light*. London: Fourth Estate, 2013.（『本当の夜をさがして―都市の明かりは私たちから何を奪ったのか』ポール・ボガード著、上原直子訳、白揚社、2016 年）

Dark Sky Association. www.darksky.org.

Drake, N. “Our Nights Are Getting Brighter, and Earth Is Paying the Price.” *National Geographic*, 3 April 2019.

“Good Night, Night.” *Flash Forward* (podcast), 28 March 2020.

Francis-Baker, T. *Dark Skies: A Journey into the Wild Night*. London: Bloomsbury Wildlife, 2019.

Rich, C., and T. Longcore. eds. *Ecological Consequences of Artificial Night Lighting*. Washington, DC: Island Press, 2006.

Zdanowicz, C. "Hordes of Grasshoppers Have Invaded Las Vegas." CNN, 27 July 2019.

Zhang, Z. "Man-Made Moon to Shed Light on Chengdu in 2020." *China Daily*, 19 October 2020.

Zubidat, A. E., and A. Haim. "Artificial Light at Night: A Novel Lifestyle Risk Factor for Metabolic Disorder and Cancer Morbidity." *Journal of Basic and Clinical Physiology and Pharmacology 28*, no. 4 (2017).

Tycho Brahe Museum. https://www.landskrona.se/en/se-gora/kultur-noje/museerochkonsthall/the-tycho-brahe-museum/.
Van Doren, B. M., et al. "High-Intensity Urban Light Installation Dramatically Alters Nocturnal Bird Migration." *Proceedings of the National Academy of Sciences* 114, no 42 (2017).
van Langervelde, F., et al. "Declines in Moth Populations Stress the Need for Conserving Dark Nights." *Global Change Biology* 24, no. 3 (2018).
Vogel, G. "Where Have All the Insects Gone?" *Science*, 10 May 2017.
Voigt, C. C., et al. "Guidelines for Consideration of Bats in Lighting Projects." EUROBATS Publication Series no. 8. Nairobi, Kenya: UNEP, 2018.
Wallace, D. R. *Beasts of Eden: Walking Whales, Dawn Horses, and Other Enigmas of Mammal Evolution*. Berkeley: University of California Press, 2004.（『哺乳類天国―恐竜絶滅以後、進化の主役たち』デイヴィッド・R.ウォレス著、桃井緑美子、小畠郁生訳、早川書房、2006年）
Westerdahl, C. "Kulturhistoria och grottor." *Svenska grottor* 5. Sveriges Speleologförbund, 1982.
Wheeling, K. "Artificial Light May Alter Underwater Ecosystems." *Science*, 28 April 2015.
Whyte, C. "Light Pollution's Effects on Birds May Help to Spread West Nile Virus." *New Scientist*, 24 July 2019.
Winger, B. M., et al. "Nocturnal Flight-Calling Behavior Predicts Vulnerability to Artificial Light in Migratory Birds." *Proceedings of the Royal Society B* 286 (2019).
Wistrand, S. "Eugène Jansson—inte bara blåmålare." *Kulturdelen*, 26 June 2015.
Witherington, B. E., et al. "Understanding, Assessing, and Resolving Light-Pollution Problems on Sea Turtle Nesting Beaches." *Technical Report TR2*. Tallahassee: Florida Fish and Wildlife Conservation Commission, 2014.
Wright Jr, K. P., et al. "Entrainment of the Human Circadian Clock to the Natural Light-Dark Cycle." *Current Biology* 23 (2013).
Zachos, E. "Too Much Light at Night Causes Spring to Come Early." *National Geographic*, 28 June 2016.

Stockholm: Albert Bonniers Förlag, 1884.
Strömdahl, H. "Candela—grundenheten för grundstorheten ljusstyrka." *Kemivärlden Biotech med Kemisk Tidskrift* 2 (2015).
Svensson, A. M., and J. Rydell. "Mercury Vapour Lamps Interfere with the Bat Defence of Tympanate Moths (*Operophtera* spp.; Geometridae)." *Animal Behaviour* 55, no. 1 (1998).
Svensson, A. M., et al. "Avoidance of Bats by Water Striders (*Aquarius najas*, Hemiptera)." *Hydrobiologia* 489 (2002).
Svensson, P. *Ålevangeliet: Berättelsen om världens mest gåtfulla fisk*. Stockholm: Albert Bonniers Förlag, 2019.
Sveriges Radio P4 Sjuhärad. "Ljuset är nästa miljökatastrof." 9 January 2018.
Sveriges Radio P1. "Fysikpristagaren Peebles tog fram universums recept." *Vetandets värld*, 5 December 2019.
Sveriges Radio P.1 "Så påverkas naturen av allt mer ljus." *Naturmorgon*, 30 December 2017.
Sveriges Radio P1. "Utflykter i natten—och älgar som far illa av varma somrar." *Naturmorgon*, 30 November 2019.
Sveriges Radio P1. "Vem äger mörkret?" *Vetenskapsradion Klotet*, 19 August 2015.
SVT Nyheter. "Mångalen?—Inte så galet." 11 November 2011.
SVT Nyheter. "Upplysta städer knäcker nattdjur." 8 July 2019.
Tähkämö, L., et al. "Systematic Review of Light Exposure Impact on Human Circadian Rhythm." *Chronobiology International* 36, no. 2 (2018).
Tanizaki, J. *Till skuggornas lov*. Reissue. Malmö, Sweden: ellerströms förlag, 1998.（『陰翳礼讃・文章読本』谷崎潤一郎著、新潮文庫、2020 年）
Thomson, G. *Encyclopedia of Religion: Light and Darkness*. New York: Macmillan Reference, 2005.
Tidskriften Pilgrim 1 (2009).
Touzot, M., et al. "Artificial Light at Night Disturbs the Activity and Energy Allocation of the Common Toad during the Breeding Period." *Conservation Physiology* 7, no. 1 (2019).
Tracy Aviary. https://tracyaviary.org.

emerging-darkness-9-bizarre-creation-myths/.
Segedin, K. "Every Turtle Featured in Harrowing *Planet Earth II* Segment Was Saved." BBC Earth, 2016.
Sempler, K. "Den märkliga manicken från Antikythera." *Ny Teknik*, 3 March 2009.
———. När Stockholm fick elektriskt ljus." *Ny Teknik*, February 2018.
Singhal, R. K., et al. Eco-physiological Responses of Artificial Night Light Pollution in Plants. *Russian Journal of Plant Physiology* 66 (2019).
Škvareninová, J., et al. "Effects of Light Pollution on Tree Phenology in the Urban Environment." *Moravian Geographical Reports* 25, no. 4 (2017).
SMHI Kunskapsbank. https://www.smhi.se/kunskapsbanken.
Smith, M. "Time to Turn Off the Lights." *Nature* 457, no 27 (2009).
Söderström, B. *Hur tänker din katt?* Stockholm: Bonnier Fakta, 2016.
Solly, M. "Swarms of Grasshoppers Invading Las Vegas Are Visible on Radar." *Smithsonian Magazine*, 30 July 2019.
"Some Like It Dark: Light Pollution and Salmon Survival." *Fish Report*, 4 June 2018.
Sperling, N. "The Disappearance of Darkness." In *Light Pollution, Radio Interference, and Space Debris, Astronomical Society of the Pacific Conference Series* 17 (1991), edited by L. Crawford.
Stagnelius, E. J. *Vän! I förödelsens stund.* Modernista (electronic edition), 2016.
Steinbach, R. "The Effect of Reduced Street Lighting on Road Casualties and Crime in England and Wales: Controlled Interrupted Time Series Analysis." *Journal of Epidemiology & Community Health* 69, no. 11 (2015).
Stevens, R. G. "What Rising Light Pollution Means for Our Health." *BBC Future*, 2016.
Stone, T. "Light Pollution: A Case Study in Framing an Environmental Problem." *Ethics, Policy & Environment* 20, no. 3 (2017).
———. "The Value of Darkness: A Moral Framework for Urban Nighttime Lighting." *Science Engineering Ethics* 24 (2018).
Strindberg, A. *Om det allmänna missnöjet, dess orsaker och botemedel.*

Riccucci, M. "Lazzaro Spallanzani." *Bat Research News* 49, no. 4 (2008).

Riccucci, M., and J. Rydell. "Bats in the Florentine Renaissance: From Darkness to Enlightenment." *Lynx* 48 (2017).

Rich, C., and T. Longcore, eds. *Ecological Consequences of Artificial Night Lighting*. Washington, DC: Island Press, 2006.

Romanes, G. R. *Mental Evolution in Animals. With a Posthumous Essay on Instinct by Charles Darwin*. Cambridge: Cambridge University Press, 1883.

Russ, A., et al. "Seize the Night: European Blackbirds (*Turdus merula*) Extend Their Foraging Activity under Artificial Illumination." *Journal of Ornithology* 156 (2015).

Rybnikova, N., and B. A. Portnov. "Population-Level Study Links Short-Wavelength Nighttime Illumination with Breast Cancer Incidence in a Major Metropolitan Area." *Chronobiology International* 35, no. 9 (2018).

Rydell, J., et al. "Age of Enlightenment: Long-Term Effects of Outdoor Aesthetic Lights on Bats in Churches." *Royal Society Open Science* 4, no. 8 (2017).

Rydell, J., et al. "Dramatic Decline of Northern Bat *Eptesicus nilssonii* in Sweden over 30 Years." *Royal Society Open Science* 7, no. 2 (2020).

Salleh, A. "Light Pollution Delays Wallaby Reproduction and Puts Joeys at Risk." ABC News, 30 September 2015.

Sánchez-Bayo, F., and K. A. G. Wyckhuys. "Worldwide Decline of the Entomofauna: A Review of Its Drivers." *Biological Conservation* 232 (2019).

Sandberg, S. *Mørke—stjerner, redsel og fem netter på Finse*. Oslo, Norway: Samlaget, 2019.

Santos, C. D. "Effects of Artificial Illumination on the Nocturnal Foraging of Waders." *Acta Oecologica* 36, no. 2 (2010).

Saving Nemo Conservation Fund. www.savingnemo.org.

Scharping, N. "Why China's Artificial Moon Probably Won't Work." *Astronomy*, 26 October 2018.

Schoppert, S. "Emerging from the Darkness: 9 Creation Myths from Different Cultures." History Collection, 2017. https://historycollection.com/

Nobel Prize Nomination Database. www.nobelprize.org/nomination/redirector/?redir=archive.

Noche Zero. https://lightcollective.net/light/ing/noche_zero.

Nordstrand, M. "Stökigt med fullmåne." *Örnsköldsviks Allehanda*, 7 August 2009.

Nygren, A., et al. *Ringmaskar: Havsborstmaskar: Annelida: Polychaeta: Aciculata*. Nationalnyckeln till Sveriges flora och fauna. Uppsala, Sweden: ArtDatabanken, SLU, 2017.

Nyström, J. "Koralldöden har blivit fem gånger värre." *Forskning & Framsteg*, 4 January 2018.

"Ovanligt mörker över Stockholm oroade många." *Dagens Nyheter*, 17 October 2017.

Owens, A. C. S., et al. "Light Pollution Is a Driver of Insect Declines." *Biological Conservation* 241 (2020)(prepublished online, November 2019).

Pape Møller, A. "Parallel Declines in Abundance of Insects and Insectivorous Birds in Denmark over 22 Years." *Ecology and Evolution* 9, no. 11 (2019).

Perry, G., et al. "Effects of Night Lights on Urban Reptiles and Amphibians." *Herpetological Conservation* 3 (2008).

Pettit, H., and Agence France-Presse. "Elephants Threatened by Poachers Are Evolving to Become Nocturnal So They Can Travel Safely at Night." *Daily Mail*, 13 September 2017.

Pinzon-Rodriguez, A., et al. "Expression Patterns of Cryptochrome Genes in Avian Retina Suggest Involvement of Cry4 in Light-Dependent Magnetoreception." *Journal of the Royal Society* 15, no. 140 (2018).

Pulgar, J., et al. "Endogenous Cycles, Activity Patterns and Energy Expenditure of an Intertidal Fish Is Modified by Artificial Light Pollution at Night (ALAN)." *Environmental Pollution* 244 (2019).

Raap, T., et al. "Light Pollution Disrupts Sleep in Free-Living Animals." *Scientific Reports* 5, no. 13557 (2015).

Rångtell, F. "If Only I Could Sleep—Maybe, I Could Remember." PhD diss., Institutionen för neurovetenskap, Uppsala universitet, 2019.

Restaurang Svartklubben. http://svartklubben.com.

McConnell, A. "Effect of Artificial Light on Marine Invertebrate and Fish Abundance in an Area of Salmon Farming." *Marine Ecology Progress Series* 419 (2010).

McGrane, S. "The German Amateurs Who Discovered Insect Armageddon." *New York Times*, 4 December 2017.

McMenamin, M. A. S. *The Garden of Ediacara*. New York: Columbia University Press, 1998.

Meravi, N., and S. Kumar. "Effect Street Light Pollution on the Photosynthetic Efficiency of Different Plants." *Biological Rhythm Research* 51 (2020).

Merritt, D. J., and A. Clarke. "The Impact of Cave Lighting on the Bioluminescent Display of the Tasmanian Glow-Worm *Arachnocampa tasmaniensis*." *Journal of Insect Conservation* 17, no. 1 (2012).

Milosevic, I., and E. McCabe. *The Psychology of Irrational Fear*. Boston: Greenwood, 2015.

Moore, M. V. "Urban Light Pollution Alters the Diel Vertical Migration of *Daphnia*." *SIL Proceedings* 27 (2000).

"Mörkertrilogin," installments 7–9. *Professor Magenta* (podcast).

Morris, H. "The Casino Light Beam That's So Bright It Has Its Own Ecosystem (and Pilots Use It to Navigate)." *Telegraph*, 24 August 2017.

Murakami, H. *IQ84*. 3 vols. Stockholm: Norstedts, 2011.（『1Q84』全3巻、村上春樹著、新潮社、2009 ～ 2010 年）

Musila, S., et al. "No Lunar Phobia in Insectivorous Bats in Kenya." *Mammalian Biology* 95 (2019).

Nagel, T. "What Is It Like to Be a Bat?" *Philosophical Review* 83, no. 4 (1974).

Nichols, C. A., and K. Alexander. "Creeping in the Night: What Might Ecologists Be Missing?" *PLoS ONE* 13, no. 6 (2018).

Night on Earth. Netflix, 2020.（『ナイトアース』ネットフリックス、2020 年）

Nilsson, D-E. "Havsmonstrets vakande öga." *Forskning & Framsteg*, 7 August 2012.

Nobelförsamlingens pressmeddelande för Nobelpriset i fysik, 2014.

Nobelförsamlingens pressmeddelande för Nobelpriset i fysik, 2019.

Nobelförsamlingens pressmeddelande för Nobelpriset i fysiologi eller medicin, 2017.

York Times, 3 February 2020.

Leanderson, P. “Ljusföroreningar och mörkret som försvann.” *Arbets-och miljömedicinbloggen* (blog). AMM Östergötland, 2018. http://arbetsochmiljomedicin.se/ljusfororeningar-och-morkret-som-forsvann/.

Light Pollution Map. www.lightpollutionmap.info.

Liljemalm, A. “Utrotningshotat nattmörker.” *Forskning & Framsteg*, 15 March 2016.

Longcore, T., and C. Rich. “Ecological Light Pollution.” *Frontiers in Ecology and the Environment* 2, no. 4 (2004).

Lövemyr, A. “Att skapa plats för mörker och natthimlen: Belysning och människan i stadens nattlandskap.” SLU, Fakulteten för landskapsarkitektur, trädgårds-och växtproduktionsvetenskap, 2018.

Lundqvist, Å. “Krönika.” *Dagens Nyheter*, 21 December 1990.

Macgregor, C. J., et al. “Effects of Street Lighting Technologies on the Success and Quality of Pollination in a Nocturnally Pollinated Plant.” *Ecosphere* 10, no. 1 (2019).

Macgregor, C. J., et al. “Moth Biomass Increases and Decreases over 50 Years in Britain.” *Nature Ecology and Evolution* 3 (2019).

Macgregor, C. J., et al. “Pollination by Nocturnal Lepidoptera, and the Effects of Light Pollution: A Review.” *Ecological Entomology* 40 (2015).

Manríquez, P. H., et al. “Artificial Light Pollution Influences Behavioral and Physiological Traits in a Keystone Predator Species, *Concholepas concholepas*.” *Science of the Total Environment* 661 (2019).

Marsh, G. P. *Man and Nature: Or, Physical Geography as Modified by Human Action*. New York: Charles Scribner, 1864.

Mårtenson, J., and R. Turander. *Kungliga Djurgården*. Stockholm: Wahlström & Widstrand, 2007.

Martini, S., and S. Haddock. “Quantification of Bioluminescence from the Surface to the Deep Sea Demonstrates Its Predominance as an Ecological Trait.” *Scientific Reports* 7 (2017).

Martinson, H. *Cikada*. Stockholm: Albert Bonniers Förlag, 1953.

McCarthy, D. D., and K. P. Seidelmann. *Time: From Earth Rotation to Atomic Physics*. Cambridge: Cambridge University Press, 2018.

Jechow, A. "Observing the Impact of WWF Earth Hour on Urban Light Pollution: A Case Study in Berlin 2018 Using Differential Photometry." *Sustainability* 11, no. 3 (2019).

Jechow, A., and F. Hölker. "Snowglow—the Amplification of Skyglow by Snow and Clouds Can Exceed Full Moon Illuminance in Suburban Areas." *Journal of Imaging* 5, no 8 (2019): 69.

Johannisson, K. *Melankoliska rum*. Stockholm: Albert Bonniers Förlag, 2009.

Josefsson, L. "Elegi över ett spinneri." *Göteborgs-Posten*, 10 October 2019.

Kachi Lodge, Bolivia. 2019. www.kachilodge.com.

Kafka, F. *Man hör varandra bättre i mörker: Brev 1918–juni* 1920. Lund, Sweden: Bakhåll, 2014.

Karlsson, B-L., et al. "No Lunar Phobia in Swarming Insectivorous Bats (Family Vespertilionidae)." *Journal of Zoology* 256, no. 4 (2002).

Kay, J. "Nighttime Lights Reset Birds' Internal Clocks, Threatening Dawn's Chorus." *National Geographic*, 6 September 2014.

Klarsfeld, A. "At the Dawn of Chronobiology." ESPCI ParisTech Neurobiology Laboratory, 2013.

Knop, E. "Artificial Light at Night as a New Threat to Pollination." *Nature* 548, no. 7666 (2017).

Konstverket SAMTAL. Jönköpings Läns Museum.

Kronberg, K., et al. *Minnet av Narva: Om troféer, propaganda och historiebruk*. Lund, Sweden: Nordic Academic Press, 2018.

Krönström, J. "Control of Bioluminescence: Operating the Light Switch in Photophores from Marine Animals." PhD diss., Zoologiska institutionen, Göteborgs universitet, 2009.

Kunz, T., et al. "Ecosystem Services Provided by Bats." *Annals of the New York Academy of Sciences* 1223 (2011).

Land, M. F., and D-E. Nilsson. *Animal Eyes*. Oxford Animal Biology Series. Oxford: Oxford University Press, 2002.

Last, K. S., et al. "Moonlight Drives Ocean-Scale Mass Vertical Migration of Zooplankton during the Arctic Winter." *Current Biology* 26 (2016).

Lawal, S. "Fireflies Have a Mating Problem: The Lights Are Always On." *New*

Hallemar, D. "Disciplinerande ljus och förlåtande mörker." *OBS*, Sveriges Radio P 1, 20 February 2017.

Hansen, J. "Night Shift Work and Risk of Breast Cancer." *Current Environmental Health Report* 4, no. 3 (2017).

Härdig, A. "Myter om månen." *Populär Astronomi* 1 (2019).

Hart, A. "The Rise of Astrotourism: Why Your Next Adventure Should Include Star-Gazing." *Telegraph*, 11 July 2018.

Heinrich, B. *The Homing Instinct: Meaning & Mystery in Animal Migration*. Boston: Houghton Mifflin Harcourt, 2014.

Heintzenberg, F. *Nordiska nätter: Djurliv mellan skymning och gryning*. Lund, Sweden: Bio & Fokus Förlag, 2013.

Hitta Nemo. Pixar, 2003.（『ファインディング・ニモ』ピクサー、2003 年）

Hölker, F., et al. "The Dark Side of Light: A Transdisciplinary Research Agenda for Light Pollution Policy." *Ecology and Society* 15, no. 4 (2010).

Hölker, F., et al. "Light Pollution as a Biodiversity Threat." *Trends in Ecology & Evolution* 25, no. 12 (2010).

Howard, J. "These Fish Eggs Aren't Hatching. The Culprit? Light Pollution." *National Geographic*, 9 July 2019.

Hughes, H. C. *Sensory Exotica: A World beyond Human Experience*. Cambridge, MA: Bradford Books, 2001.

Hunt, R. *The Poetry of Science: Or, Studies of the Physical Phenomena of Nature*. Reeve, Benham, and Reeve, 1849.

I mörkret med . . . (podcast). www.imorkretmed.se.

International Dark Sky Association. *Fighting Light Pollution: Smart Lighting Solutions for Individuals and Communities*. Mechanicsburg, PA: Stackpole Books, 2012.

Irenius, L. "Gläds åt mörkret—det är hotat." *Svenska Dagbladet*, 19 November 2019.

Jabr, F. "How Moonlight Sets Nature's Rhythms." *Smithsonian Magazine*, 21 June 2017.

Jägerbrand, A. K. *LED-belysningens effekter på djur och natur med rekommendationer: Fokus på nordiska förhållanden och känsliga arter och grupper*. Linköping, Sweden: Calluna AB, 2018.

tHab.com.

Gauthreaux, S., and C. G. Belser. "Effects of Artificial Night Lighting on Migrating Birds." In *Ecological Consequences of Artificial Night Lighting*, edited by C. Rich and T. Longcore. Washington, DC: Island Press, 2006.

Geffen, K., et al. "Artificial Night Lighting Disrupts Sex Pheromone in a Noctuid Moth." *Ecological Entomology* 40 (2015).

Gibbens, S. "As the Arctic Warms, Light Pollution May Pose a New Threat to Marine Life." *National Geographic*, 5 March 2020.

———. "See 'Underwater Snowstorm' of Coral Reproducing." *National Geographic*, 5 January 2018.

"Good Night, Night." *Flash Forward* (podcast), 28 March 2020.

Grenis, K., and S. M. Murphy. "Direct and Indirect Effects of Light Pollution on the Performance of an Herbivorous Insect." *Insect Science* 26, no. 4 (2018).

Griffith Observatory. www.griffithobservatory.org.

Grønne, J. "Tusentals meteorer målar himlen." *Illustrerad Vetenskap*, 12 August 2019.

Guilford, T. "Light Pollution Causes Object Collisions during Local Nocturnal Manoeuvring Flight by Adult Manx Shearwaters *Puffinus puffinus*." *Seabird* 31 (2019).

Gustafsson, B. "Fjärilar insamlade i ljusfälla på Naturhistoriska riksmuseets tak." No date. *Hagabladet*.

Hadenius, P. *Paus: Konsten att göra något annat*. Stockholm: Natur Kultur, 2019.

Hadhazy, A. "Fact or Fiction: The Days (and Nights) Are Getting Longer." *Scientific American*, 14 June 2010.

Haim, A., and A. E. Zubidat. "Artificial Light at Night: Melatonin as a Mediator between the Environment and Epigenome." *Philosophical Transactions of the Royal Society of London, Series B, Biological Sciences* 370, no. 1667 (2015).

Hallmann, C. A., et al. "More Than 75 Percent Decline over 27 Years in Total Flying Insect Biomass in Protected Areas." *PLoS ONE* 12, no. 10 (2017).

brottsprevention. En systematisk forskningsgenomgång. Brå-rapport 2007:28.
Fimmerstad, L. *Elljuset tränger undan gaslyktorna i Stockholm*. No date. stockholmshistoria.com.
Firebaugh, A., and K. J. Haynes. "Light Pollution May Create Demographic Traps for Nocturnal Insects." *Basic and Applied Ecology* 34 (2019).
Fobert, E. K., et al. "Artificial Light at Night Causes Reproductive Failure in Clownfish." *Biology Letters* 15, no. 7 (2019).
"Folkminnesuppteckning, Broby, Lund 1874." DAL 32 (1874).
Foster, J. J., et al. "Orienting to Polarized Light at Night—Matching Lunar Skylight to Performance in a Nocturnal Beetle." *Journal of Experimental Biology* 222 (2019).
Fox, D. "What Sparked the Cambrian Explosion?" *Nature* 530, no. 18 (2016). (「カンブリア爆発の『火種』」Douglas Fox 著『Nature ダイジェスト：日本語で読む世界の最新科学ニュース』13 巻５号、2016 年５月 {三枝小夜子訳、https://www.natureasia.com//ja-jp/ndigest/v13/n5})
Francis-Baker, T. *Dark Skies: A Journey into the Wild Night*. London: Bloomsbury Wildlife, 2019.
Fredelius, A. "Rätt ljus ger piggare läkare." *Ny Teknik*, 20 June 2016.
Gallaway, T., et al. "The Economics of Global Light Pollution." *Ecological Economics* 69, no. 3 (2010).
Garcia-Saenz, A., et al. "Evaluating the Association between Artificial Light-at-Night Exposure and Breast and Prostate Cancer Risk in Spain (MCC-Spain Study)." *Environmental Health Perspectives* 126, no. 4 (2018).
Gardner, J. "Fladdermöss hjälper ekologisk vinodling." *Vinjournalen*, 27 August 2018.
Garnert, J. "August Strindberg's ljus." *Ljuskultur* 4 (2012).
———. *Ut ur mörkret: Ljusets och belysningens kulturhistoria*. Lund, Sweden: Historiska Media, 2016.
Gaston, K. J. "Reducing the Ecological Consequences of Nighttime Light Pollution: Options and Developments." *Journal of Applied Ecology* 49 (2012).
Gaukel Andrews, C. "The Largest Migration on Earth Is Vertical." 2018. Na-

Drake, N. "Our Nights Are Getting Brighter, and Earth Is Paying the Price." *National Geographic*, 3 April 2019.

Duarte, C., et al. "Artificial Light Pollution at Night (ALAN) Disrupts the Distribution and Circadian Rhythm of a Sandy Beach Isopod." *Environmental Pollution* 248 (2019).

Edqvist, B., and J. Eklöf. *Fladdermusen—i en mytisk värld*. Bjärnum, Sweden: Bokpro, 2018.

Ekirch, A. R. *At Day's Close: Night in Times Past*. New York: W. W. Norton, 2005.（『失われた夜の歴史』ロジャー・イーカーチ著、樋口幸子、片柳佐智子、三宅真砂子訳、インターシフト、2015年）

Eklöf, J. *Djurens evolution*. Stockholm: Caracal Publishing, 2008.

Eklöf, J., and J. Rydell. *Fladdermöss—i en värld av ekon*. Hirschfeld Förlag, 2015.

———. "Det dödliga ljuset." *Forskning & Framsteg*, 27 September 2018.

Eliasson, C. "Växter reagerar på ljus inom bråkdelen av en sekund." Press release. Göteborgs universitet, 31 March 2020.

Elgert, C., et al. "Reproduction under Light Pollution: Maladaptive Response to Spatial Variation in Artificial Light in a Glow-Worm." *Proceedings of the Royal Society of London B* 287 (2020).

Emlen, S. T. "The Stellar-Orientation System of a Migratory Bird." *Scientific American* 233, no. 2 (1975).（「星で定位をする渡り鳥」S．T．エムリン著、『サイエンス』1975年10月号）

Englund, P. *Förflutenhetens landskap*. Stockholm: Atlantis, 1991.

Entomologischer Verein Krefeld. www.entomologica.org.

European Festival of the Night. www.nightfestival.se.

Falchi, F., et al. "Light Pollution in USA and Europe: The Good, the Bad and the Ugly." *Journal of Environmental Management* 248 (2019).

Falchi, F., et al. "The New World Atlas of Artificial Night Sky Brightness." *Science Advances*, June 2016.

Farnworth, B., et al. "Photons and Foraging: Artificial Light at Night Generates Avoidance Behaviour in Male, but Not Female, New Zealand Weta." *Environmental Pollution* 236 (2018).

Farrington, D. P., and B. C. Welsh. *Förbättrad utomhusbelysning och*

ronmental Health Perspectives 117, no. 1 (2009).
Ciach, M., and A. Fröhlich. "Ungulates in the City: Light Pollution and Open Habitats Predict the Probability of Roe Deer Occurring in an Urban Environment." *Urban Ecosystems* 22 (2019).
Cuff, M. "Lights Out? Habitat Loss and Light Pollution Pose Grave Threat to UK Glow Worms." *iNewsletter*, 4 February 2020.
Danielsson, U. *Mörkret vid tidens ände: En bok om universums mörka sida.* Stockholm: Fri Tanke Förlag, 2015.
Dark Sky Association. www.darksky.org.
Darwin, C. *The Expression of the Emotions in Man and Animals.* Fontana Press, 1872.（『人及び動物の表情について』ダーウィン著、浜中浜太郎訳、岩波文庫、1931 年）
Dauchy, Robert R. T., et al. "Circadian and Melatonin Disruption by Exposure to Light at Night Drives Intrinsic Resistance to Tamoxifen Therapy in Breast Cancer." *Cancer Research* 74, no. 15 (2014).
Depledge, M., et al. "Light Pollution in the Sea." *Marine Pollution Bulletin* 60 (2010).
Desouhant, E., et al. "Mechanistic, Ecological, and Evolutionary Consequences of Artificial Light at Night for Insects: Review and Prospective." *Entomologia Experimentalis et Applicata* 167 (2018).
Di Domenico, A. "European Union Adopts New Guidance to Reduce Light Pollution." *Environmental Protection*, 6 December 2019.
Dimovski, A. M., and K. A. Robert. "Artificial Light Pollution: Shifting Spectral Wavelengths to Mitigate Physiological and Health Consequences in a Nocturnal Marsupial Mammal." *Journal of Experimental Zoology Part A: Ecological and Integrative Physiology* 329, no. 8–9 (2018).
Doctor, R. M., et al. *The Encyclopedia of Phobias, Fears, and Anxieties.* New York: Facts on File, 2008.
Dokken, P. "Varför är mörkret viktigt, Kajsa Sperling?" *Göteborgs-Posten*, 23 March 2019.
Dominoni, D. M., et al. "Clocks for the City: Circadian Differences between Forest and City Songbirds." *Proceedings of the Royal Society of London B* 280 (2013).

Bible (King James version)（欽定訳聖書）
Bird, S., and J. Parker. "Low Levels of Light Pollution May Block the Ability of Male Glow-Worms (*Lampyris noctiluca* L.) to Locate Females." *Journal of Insect Conservation* 18, no. 4 (2014).
Björn, L. O. *Photobiology: The Science of Light and Life*. Springer Science, 2015.
"Blue Light Has a Dark Side." *Harvard Health Letter. Cambridge, MA: Harvard Health Publishing*, Harvard Medical School, 2018.
Bogard, P. *The End of Night: Searching for Natural Darkness in an Age of Artificial Light*. London: Fourth Estate, 2013.（『本当の夜をさがして―都市の明かりは私たちから何を奪ったのか』ポール・ボガード著、上原直子訳、白揚社、2016 年）
Bortle, J. "Introducing the Bortle Dark-Sky Scale." *Sky & Telescope*, February 2001.
Broberg, G. *Nattens historia: Nordiskt mörker och ljus under tusen år*. Stockholm: Natur & Kultur, 2016.
Brouwers, L. "Animal Vision Evolved 700 Million Years Ago." *Scientific American*, November 2012.
Brüning, A., et al. "Influence of Artificially Induced Light Pollution on the Hormone System of Two Common Fish Species, Perch and Roach, in a Rural Habitat." *Conservation Physiology* 6, no. 1 (2018).
Byström Möller, L. "Luftfartsstyrelsens författningssamling." LFS 2007:33, Serie OPS, 2007.
Campion, N., and C. Impey. *Imagining Other Worlds: Explorations in Astronomy and Culture*. Bristol, UK: Sophia Centre Press, 2018.
Carrington, D. "Plummeting Insect Numbers 'Threaten Collapse of Nature.'" *Guardian*, 10 February 2019.
Carson, R. *Silent Spring*. New York: Houghton Mifflin, 1962.（『沈黙の春』レイチェル・カーソン著、青樹簗一訳、新潮文庫、2004 年）
Castellani, C., et al. "Exceptionally Well-Preserved Isolated Eyes from Cambrian 'Orsten' Fossil Assemblages of Sweden." *Palaeontology* 55, no. 3 (2012).
Chepesiuk, R. "Missing the Dark—Health Effects of Light Pollution." *Envi-*

参考文献

ALAN—International Conference on Artificial Light at Night. Abstract booklets, 2014–18.

Albion, W., and H. E. Hanson. "The Destruction of Birds at the Lighthouses on the Coast of California." *Condor* 20, no. 1 (1918).

Anderson, G., et al. "Circadian Control Sheds Light on Fungal Bioluminescence." *Current Biology* 25 (2015).

Andersson, S., et al. "Light, Predation and the Lekking Behaviour of the Ghost Swift *Hepialus humuli* (L.) (Lepidoptera, Hepialidae)." *Proceedings of the Royal Society of London B* 265 (1998).

Angier, N. "Modern Life Suppresses an Ancient Body Rhythm." *New York Times*, 14 March 1995.

"Avsnitt 14: Mörker." *Konstform* (podcast), 30 January 2018.

Barnes, E. J. "The Early Career of George John Romanes, 1867–1878." Undergraduate thesis, Newnham College, Cambridge, 1998.

BBC. "The Making of Charles Messier's Famous Astronomy Catalogue." *Sky at Night Magazine*, August 2017.

BBC. *Planet Earth II*. 2016.（『プラネットアース II』BBC、2016 年）

BBC Two. "The Secret Life of the Cat." *Horizon*, 2013.（『密着！　ネコの毎日』BBC Studios、2013 年）

Bennie, J., et al. "Cascading Effects of Artificial Light at Night: Resource-Mediated Control of Herbivores in a Grassland Ecosystem." *Philosophical Transactions of the Royal Society B* 370 no. 1667 (2015).

Bennie, J., et al. "Ecological Effects of Artificial Light at Night on Wild Plants." *Journal of Ecology* 104 (2016).

Bentley, M. G., et al. "Sexual Satellites, Moonlight and the Nuptial Dances of Worms: The Influence of the Moon on the Reproduction of Marine Animals." *Earth, Moon, and Planets* 85 (1999).

Bettini, A. *A Course in Classical Physics 4—Waves and Light*. Springer International Publishing, 2017.

帯掲載詩

谷川俊太郎『詩の本』（集英社、２００９年）

「闇は光の母」より一部抜粋

著者略歴

ヨハン・エクレフ

スウェーデンのコウモリ研究者・作家。ココウモリの視覚に関する研究、および、最近では光害に関する研究で知られる。スウェーデン西部に住み、自然保護活動と執筆に従事。20年近くコウモリの研究をおこなった後、現在は自身のコンサルタント会社を経営する。コウモリ、夜の生態系、自然に優しい照明の専門家として、公共事業機関、風力発電事業者、自治体、都市計画者、環境保護団体などをクライアントに持つ。本書は、英語に翻訳された2冊目の著書である。

永盛鷹司

翻訳家。東京外国語大学大学院総合国際学研究科言語文化専攻博士前期課程修了。主な訳書に『家庭の中から世界を変えた女性たち　アメリカ家政学の歴史』（上村協子・山村明子監訳、東京堂出版、2022年）など。

暗闇の効用

2023年9月30日　第1版第1刷発行

著者　ヨハン・エクレフ
訳者　永盛鷹司
発行人　森山裕之
発行所　太田出版
〒160-8571
東京都新宿区愛住町22　第3山田ビル4F
電話　03-3359-6262
振替　00120-6-162166
http://www.ohtabooks.com

印刷・製本　株式会社シナノ

翻訳協力　株式会社トランネット　https://www.trannet.co.jp
ブックデザイン　佐伯亮介
編集　村上清

ISBN　978-4-7783-1891-8　C0040